鸽病诊治实操图解

主　编　舒　刚　柏　森

副主编　何　冉　张　虎　廖　伟　陈　栋

参　编　赵会影　张　伟　杜　红　易　鑫

　　　　张　帅　刘　莹　陈　鑫　陈璟怡

　　　　周秉桦　张宝月　杨　蕾　姚　统

　　　　苏奕婧

主　审　林居纯

机械工业出版社

CHINA MACHINE PRESS

本书以"看图识病、类症鉴别、综合防治"为目的，从生产实际和临床诊治需要出发，结合笔者多年的临床教学和诊疗经验进行介绍，内容包括鸽病综合防控技术，鸽病毒性传染病，鸽细菌、支原体、衣原体和真菌性传染病，鸽寄生虫病，鸽营养缺乏症与代谢病，鸽中毒性疾病及其他疾病等。

本书图文并茂，语言通俗易懂，内容简明扼要，注重实际操作，可供养鸽生产者及畜牧兽医工作人员使用，也可作为农业院校相关专业师生教学（培训）用书。

图书在版编目（CIP）数据

鸽病诊治实操图解 / 舒刚，柏森主编 . —北京：机械工业出版社，2024.1
ISBN 978-7-111-74596-9

Ⅰ.①鸽… Ⅱ.①舒…②柏… Ⅲ.①鸽病 – 诊疗 – 图解 Ⅳ.①S858.39-64

中国国家版本馆CIP数据核字（2024）第033831号

机械工业出版社（北京市百万庄大街22号 邮政编码100037）
策划编辑：周晓伟 高 伟 责任编辑：周晓伟 高 伟 刘 源
责任校对：贾海霞 梁 静 责任印制：单爱军
保定市中画美凯印刷有限公司印刷
2024年3月第1版第1次印刷
190mm×210mm·7.5印张·218千字
标准书号：ISBN 978-7-111-74596-9
定价：69.80元

电话服务 网络服务
客服电话：010-88361066 机 工 官 网：www.cmpbook.com
010-88379833 机 工 官 博：weibo.com/cmp1952
010-68326294 金 书 网：www.golden-book.com
封底无防伪标均为盗版 机工教育服务网：www.cmpedu.com

前　言

　　我国是古老的养鸽国家之一，有着悠久的养鸽、驯鸽历史。隋唐时期，在我国南方广州等地，已开始用鸽通信，明朝时，我国的养鸽已具相当水平。信鸽近年来在国内高速发展，其产业化步伐持续发展，越来越多的专营信鸽进出口业务公司、种鸽棚、信鸽公棚、赛事冠名、名鸽展示拍卖会、鸽药、鸽粮等新生事物的出现，对信鸽产业化发展起到推动的作用。同时，养殖肉鸽作为一种新兴特禽养殖业在近几十年里迅速发展，具有广阔的发展前景和社会需求，同时也是助农脱贫致富的理想产业。目前全国肉鸽存栏 5000 多万对，年出栏雏鸽 6 亿多羽；蛋鸽年存栏量 1000 万对左右，年产鸽蛋 6 亿枚以上，并且每年仍在不断增加，鸽养殖已经成为规模较大的特禽养殖业，成为我国特禽养殖业中的重要组成部分。

　　鸽经驯化成观赏鸽、赛鸽和肉鸽，拥有较强的免疫系统，加上鸽舍多为开放式或半开放式，空气流通好，空气新鲜，相比较其他畜禽，鸽生病较少。然而，随着养鸽业规模化、集约化的迅速发展，饲养总量、饲养密度的增加，鸽的饲养方式发生了改变，但相应的饲养管理水平没有跟上。由于饲养管理水平低，疫病防治意识差，在鸽病防治工作中存在不少的误区甚至错误，加上鸽的贸易流通频繁（包括信鸽比赛），导致鸽病复杂难治。鸽病的发生使养鸽场生产水平降低，经济效益下降，甚至亏损，打击了养殖户的积极性，阻碍了养鸽业的可持续发展。如何更好地防治鸽病成了养鸽人最关心的问题。因此，编者从多年诊疗服务积累的资料中精心挑选出当前主要鸽病的典型症状和病理图片，并描述了鸽病发生的临床症状和病理变化，尤其是防治方案，让读者可以清楚了解各种鸽病的特点和防治方法，避免对鸽病的误判。

全书共六章，涵盖了鸽当前主要的病毒性传染病，细菌、支原体、衣原体和真菌性传染病，寄生虫病，营养缺乏症与代谢病，中毒性疾病及其他疾病。编者力图通过图文并茂、简洁易懂的介绍，把复杂的疾病以科学性、先进性与实战性的方式展现给广大读者，尤其是总结了最新和最实用的治疗方案，可以让读者一目了然，迅速掌握。

需要特别说明的是，本书所用药物及其使用剂量仅供读者参考，不可照搬。在生产实际中，所用药物学名、常用名和实际商品名称有差异，药物浓度也有所不同，建议读者在使用每一种药物之前，参阅厂家提供的产品说明以确认药物用量、用药方法、用药时间及禁忌等。购买兽药时，执业兽医有责任根据经验和对患病动物的了解决定用药量及选择最佳治疗方案。

由于编者水平有限，书中疏漏、不妥之处在所难免，敬请有关专家、广大同仁和读者不吝赐教，给予批评指正。

编　者

目 录

前 言

第三章 鸽细菌、支原体、衣原体和真菌性传染病

第四章 鸽寄生虫病

第五章　鸽营养缺乏症与代谢病

第六章　鸽中毒性疾病及其他疾病

第一章
鸽病综合防控技术

一、鸽病综合性防控的主要措施

近年来，随着生活水平的提高，人们的生活追求和饮食观念发生了巨大变化。养鸽业中除了传统的肉鸽产业，观赏鸽、赛鸽也成为重要的休闲娱乐对象，市场需求量逐年上升。鸽肉因营养丰富（含有 17 种以上氨基酸、10 种以上微量元素及多种维生素）、肉质鲜美而广受欢迎，享有"动物人参"的美称。在养鸽产业快速发展的同时，鸽病对养鸽业的影响也更加严重，成为制约养鸽业发展的最重要的因素。目前国内相继报道了 60 种以上的鸽病，涉及规模化养殖和散养户，如何防止各种鸽病的发生，必须采用综合性防治措施，才能保障养鸽生产顺利进行。

我国饲养鸽已有上千年的历史，漫长的驯化过程中积累了丰富的养殖经验和防病治病方法。鸽作为观赏和经济动物一般来说其抗病能力较强，但由于现在环境的污染和人工饲养导致其抵抗力下降，适应力减弱，各种疾病纷至沓来。鸽的疾病主要可分为传染病、寄生虫病和普通病三大类。其中危害鸽生产最大的是鸽的传染病。鸽传染病是由一定的病原微生物（细菌、病毒等）侵入鸽体内生长繁殖引起的，能破坏机体的正常生理机能，并能在鸽群中广泛传播，引起其他易感鸽发生相同疾病的一类疾病，常见的鸽传染病有禽流感、鸽新城疫、鸽沙门菌病等。鸽的寄生虫病主要是由一些原虫、线虫、绦虫、体外寄生虫引起，发生原因主要与环境卫生较差、误食含寄生虫卵的昆虫、饲料等有关，常见的寄生虫病有鸽球虫病、鸽蛔虫病等。鸽的普通病是由饲料中营养物质不足或过量、一些有毒物质如黄曲霉毒素中毒、兽药中毒、农药中毒等引起的。鸽病的防控主要采取综合措施，从传染源、传播途径、易感鸽群，以及日常的管理等来进行。

1. 选好种源

无论是白羽肉鸽（图1-1）、肉鸽（图1-2）、赛鸽（图1-3）还是观赏鸽（图1-4），都要加强种源管理。引种必须选择专门的种鸽场，减少垂直性疾病传播概率，同时做好标记、建立引种档案，有条件的鸽场可以开展育种工作，只有这样，才能为鸽场的发展打下基础。

图1-1　白羽肉鸽

图1-2　肉鸽

图1-3　赛鸽

图1-4　观赏鸽

2. 加强饲料营养

鸽对营养的需求多样。在日粮配制中需要多种饲料搭配，发挥营养的互补作用（图1-5~图1-8）。使日粮的营养价值高且适口性好，提高饲料的消化率和生产效能。控制日粮的体积，既要保证营养水平又要考虑食量，一般鸽1天内消耗30~60克，如果日粮中粗纤维含量较大，则易造成体积较大，鸽按正常量食入时，营养不能满足其需要。因此，一般粗纤维的含量应控制在5%以内。必须根据鸽的品种、年龄、用途、生理阶段、生产水平等情况，确定其营养需要量，制定饲养标准，然后根据饲养标准选择饲料，进行搭配。保持饲料的相对稳定。日粮配好后，要随季节、饲料资源、饲料价格、生产水平等进行适当变动，但变动不宜太大，保持相对的稳定，如果需要更换品种，也

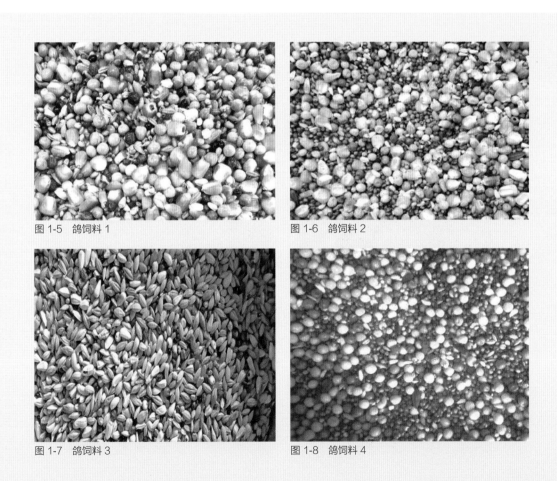

图1-5　鸽饲料1

图1-6　鸽饲料2

图1-7　鸽饲料3

图1-8　鸽饲料4

必须考虑逐步过渡。选择合适的原料进行配合。要求饲料原料无毒、无霉变、无污染、不含致病微生物和寄生虫。要尽可能考虑利用本地的饲料资源，同时考虑原料的市场价格，在保证营养的前提下，降低饲料成本。

3. 加强饲养管理

鸽日常管理中饲喂要坚持定时定量、少给勤喂的原则（图1-9）。投料量以每次投料后半小时内饲料几乎吃光为宜，饲料均匀撒落（图1-10）。若全吃光表明饲料不足，剩料太多又容易引起鸽挑食导致营养不全面，或使一些鸽不间断采食，影响孵化和育雏。每天都要更换新鲜洁净的饮水，可于每天早上喂料前进行，同时彻底清洗水槽。每天供应的饮水应不少于50毫升，夏季可适当多一些。鸽是极爱干净的鸟类，洗浴可使鸽保持羽毛洁净，防止体外寄生虫的侵袭，还可以刺激体内生长激素的分泌以促进生长发育。一般夏、秋季每周至少水浴2次，冬季每周水浴1次即可。另外，保健砂应做到天天供给，并且保证每天定时定量供给，有利于促进鸽食欲的条件反射（图1-11、图1-12）。每周应彻底清理1次剩余的保健砂，这样保证保健砂是新鲜的。在给鸽投喂保健砂时，加入一定量的水，使保健砂保持一定的湿度。

图1-9 定时定量、少给勤喂

图1-10 饲料均匀撒落

图1-11 赛鸽料槽中的保健砂

图1-12 鸽料槽中的保健砂

4. 加强饲养员岗位职责管理

组织饲养员认真学习养殖理论知识和基本饲养技术，制定鸽场管理制度（图1-13），不断地提高饲养技能。每天认真做好鸽舍清洁卫生，保证鸽舍、器具、水槽、食槽的清洁卫生。按计划和配方备足饲料，不得造成饲料短缺，影响饲喂标准和效果。投料标准按照技术员制订的计划执行，减少浪费。做好日常观察，巡舍发现病鸽及其他异常应及时处理并向上级主管汇报。协助技术员做好驱虫、防疫、消毒等工作。及时做好维修服务或报修鸽舍、饮水器、食槽等设施。认真填写各项报表，积累各项主要指标数据，字迹工整、清晰。

图 1-13　鸽场管理制度

5. 完善卫生防疫制度

注意鸽舍周围环境的卫生。除杂草，通沟渠，去积水，灭蚊、鼠、苍蝇，杀灭其他昆虫。鸽场出入口要设置消毒池，进入生产区的人、车要经过严格的消毒；人员进入鸽场要换鞋洗手，穿工作服（图1-14）。非本场工作人员未经允许一律不得进入鸽场生产区。各栋鸽舍的用具配套固定、不得乱拿乱用；饲养员不进入其他鸽舍串舍。引进种鸽时，应注意隔离饲养观察，通过检疫确认为健康群后才混群饲养。本场的鸽一经调出，不能再返回本场。另外还要注意买卖双方的笼具不要混用，本场要有自己的出鸽笼具，而买鸽方必须具备自己的笼具而且不能混用。

图 1-14　信鸽教练穿工作服

6. 严格执行消毒制度

做好日常的消毒工作，保证鸽场出入口消毒池、鸽舍门口消毒盆保持有效的消毒药浓度（图 1-15、图 1-16），以便人员和车辆经过出入口时消毒。鸽舍定期消毒，每天上午、下午各 1 次；可用季铵盐类消毒液、戊二醛等轮流喷雾笼具和地面；鸽舍环境每周消毒 1 次，用 3% 氢氧化钠或复合酚喷雾。当鸽场周围出现疫情，可以使用消毒液进行带鸽消毒；地面还可以进行火焰灼烧消毒（图 1-17）。

图 1-15　鸽场入口消毒池

图 1-16　鸽舍门口消毒盆

图 1-17　火焰灼烧消毒

7. 加强免疫工作

根据鸽场周围疫病流行的情况制定免疫程序（表 1-1），主要针对禽流感、鸽新城疫、鸽痘定期进行免疫接种，每个月对鸽群抗体情况进行检测，不合格的要及时补免。在使用疫苗过程中，要注意选购正规厂家的疫苗，还要注意疫苗的保存和操作程序，确保疫苗安全有效。

表 1-1　免疫程序

疫苗名称	免疫日龄	免疫方法
新城疫活疫苗	雏鸽 7 日龄	点眼、滴鼻
鸽新城疫 – 禽流感二联灭活疫苗	雏鸽 30 日龄首免	肌内注射或颈部皮下注射
鸽痘疫苗	雏鸽 30 日龄内	刺种
鸽新城疫 – 禽流感二联灭活疫苗	成年鸽 / 种鸽每 4 个月接种 1 次	肌内注射或颈部皮下注射
新城疫活疫苗	成年鸽 / 种鸽每 45 天接种 1 次	饮水

8. 及时治疗鸽病

饲养员、技术员每天注意观察鸽群状况。主要观察鸽群精神状况、采食和饮水情况、粪便情况。通过观察，怀疑有疾病发生后，再做进一步检查，主要检查体温、口腔、嗉囊、肛门等，通过这样的检查可做出初步诊断和用药。发病较多的情况下采用实验室检测方法（图1-18），如涂片镜检或接种培养等方法进行确诊，并及时送检病料到检测机构。

图 1-18 实验室检测

二、饲养场地的生物安全

通过构建鸽场生物安全体系，确保鸽的养殖环境和鸽群的安全，预防鸽病的发生，保障鸽群稳定高产，提高鸽的养殖效益。主要包括鸽场选址与规划布局，环境控制，建立健全生物安全管理制度，生物安全体系运行等。

1. 鸽场选址

鸽场场址的选择要做到远离公路主干道、居民区及村庄，距离在500米以上；远离其他鸽场、鸽屠宰厂、肉类和鸽产品加工厂、垃圾站等，距离在1000米以上；设立的病死鸽掩埋坑、粪便发酵池应远离鸽舍500米以上。同时，场址要建立在地势较高、干燥平坦、向阳背风、排水良好、通风、水源充足、水质良好、供电有保障的地方（图1-19）。

图 1-19 鸽场区一角

2. 鸽场规划布局

鸽场及内部各养殖单元的规划布局，应按照各个生产环节的不同合理划分，一般分为隔离区、生活区、生产区、废弃物处理区4个功能区。上风向应建隔离区与生活区，下风向应建生产区和废弃物处理区，其中废弃物处理区建在最下风向，保证人、鸽的生物安全。外围与隔离区、隔离区与生活区、生活区与生产区、生产区与废弃物处理区之间应建有围墙，进出各区只能由隔离消毒通道通行。鸽舍的分布形式、鸽舍朝向、相互之间的间距及污道与净道的划分，都要结合防疫要求进行规划，这些要求有鸽舍规模、生产工艺、建场前的地形和地势、经济性和规范性及以后的发展等（图1-20~图1-24）。

图 1-20 赛鸽舍

图 1-21 种赛鸽舍

图 1-22 青年鸽舍

图 1-23 肉种鸽舍

图 1-24 青年肉鸽舍

3. 环境控制

做好场内环境控制，鸽场禁止饲养其他家禽，防止疾病交叉感染，并定期消灭舍内外的昆虫及鼠类，防止该类动物携带病原。加强舍内小环境控制，配备温控设备、通风设施及光照系统。在夏季做好防暑降温，避免鸽群热应激；冬季做好保温防寒，避免鸽群出现冷应激。

4. 建立健全生物安全管理制度

严格执行科学合理的饲养管理和卫生防疫制度，切实落实疾病防控措施。对进场人员和车辆物品进行消毒；对种蛋、孵化机和出雏机清洁消毒（图 1-25、图 1-26）；鸽舍按卫生标准和规范消毒程序清洁消毒；疫苗和药物保管与使用合理；有合理规范的免疫程序和免疫接种操作规程等。建立健全完整的养殖档案，包括基本情况记录、监测记录、消毒记录、诊疗记录、兽药使用记录、鸽出栏及引进新品种登记记录等，养殖场还应配备与饲养规模相适应的畜牧兽医专业技术人员，严格遵守饲料、饲料添加剂和兽药使用规定。注意引种安全，在引种前先对引种场进行资质考查，并对引入种鸽做免疫学检查，合格后方可引入，种鸽到场后需隔离一段时期。

图 1-25　种蛋孵化箱

图 1-26　种蛋熏蒸消毒箱

5. 生物安全体系运行

鸽场应根据当地疫病流行规律制定适合本场的免疫接种规程，尤其是鸽瘟、禽流感、鸽新城疫免疫，确保鸽群注射疫苗，监测抗体水平均匀。有针对性地科学合理用药，对鸽群流行的沙门菌病等细菌性疾病和球虫、毛滴虫等寄生虫病筛选敏感药物，开展联合用药，同时注意休药期和减少抗生素的使用。规章制度必须切合实际，易于操作，且需要分配到日常工作流程中，让鸽场员工明确职责和制度的重要性，严格执行，配备好相应的奖罚措施。

现阶段，肉鸽、赛鸽、观赏鸽的养殖规模和水平相对落后，中小型养殖户居多，从业人员总体专业水平不高，很多鸽场不仅没有执业兽医，也没有建立生物安全体系，面临多种鸽病威胁。构建完善的生物安全体系是控制病原微生物传播、预防传染病发生的有效手段，鸽场建立完善的生物安全体系将有助于鸽场疫病防控，提高鸽场生产效益。

三、消毒管理

鸽场消毒的目的是消灭传染源散播于外界环境中的病原微生物，切断传播途径，阻止疫病继续蔓延。养鸽场应建立切实可行的消毒制度，定期对鸽舍地面土壤、粪便、污水等进行消毒。

1. 消毒的种类

（1）预防消毒　即为预防传染病的发生而进行的消毒。就是平时未发生传染病时，结合饲养管理，对鸽舍、场地、用具和饮水等定期进行清扫（洗）消毒（图 1-27、图 1-28）。要求：对养殖场周围环境至少每月进行 2 次大清扫、大消毒；对栏舍、通道每天清扫，每周消毒 2 次；对鸽体表每周喷雾消毒 1 次；用具、食槽要天天清洗，夏季最好每天消毒 1 次，为预防感染，都应事前彻底消毒；外来车辆和人员入场和饲养员进入鸽舍，都要进行消毒（图 1-29、图 1-30）。其目的就是预防传染病的发生和传播。

（2）**临时消毒** 发生传染病时，为了及时消灭刚从传染源排出的病原微生物而采取的消毒叫临时消毒。消毒的对象是鸽舍、隔离场地、病鸽的分泌物和排泄物，以及可能被污染的一切场所、用具和物品。此类消毒要求多次重复、彻底，尤其是病鸽舍必须每天消毒 2 次以上。

（3）**终末消毒** 在病鸽转移、痊愈、死亡而解除封锁（隔离）后，或在疫区解除封锁前，为彻底消灭疫区内可能残留的病原微生物而进行的全面大消毒叫终末消毒。此种消毒则要求全面彻底，以防传染病复发。

图 1-27 笼具的清洗消毒

图 1-28 碘附消毒液和醛消毒液

图 1-29 厂区消毒入口

图 1-30 场区消毒通道

2. 消毒方法

（1）**机械清除法**　在无传染病的情况下，可采用机械或人工方法清扫、洗刷、通风等方法消除病原微生物。如清除鸽体表污物，清除舍内地面粪便、垫草、饲料残渣，对车辆、工具上的污物用高压水冲洗、对工作服和鞋帽进行洗涤等，都属于机械清除法。目的是将病原体污染物集中，进行堆积发酵、掩埋、焚烧，最终杀灭病原微生物。

（2）**物理消毒法**　物理消毒法有高温、阳光、紫外线、干燥、煮沸和蒸汽等方法。衣服、鞋帽、用具等利用阳光暴晒数小时（图1-31），可杀死一般病毒和非芽孢病原菌。更衣室可用紫外线灯消毒。鸽舍墙壁、围栏、地面和铁丝或竹木笼箱，可用火焰喷灯进行高温消毒。

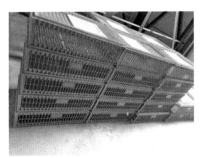

图1-31　暴晒笼具

煮沸消毒法。各种金属（注射器、针头、镊子等）、木质、玻璃（注射器玻璃管、量筒）、衣服等，均可煮沸消毒，因为在100℃的沸水中煮15~30分钟，大部分非芽孢病原菌都可被杀灭。如果在沸水中加入1%碳酸钠（苏打），可使蛋白质、脂肪溶解。煮沸消毒可防止金属生锈和增强灭菌作用。

蒸汽消毒，就是利用80%~100%湿热空气消毒。可用蒸笼消毒器皿等，用蒸汽锅炉对运输车辆、车皮、船舱、包装工具等消毒。注射器械、针头等可利用高压蒸汽消毒器消毒15~30分钟，可杀灭任何细菌、病毒。

（3）**化学消毒法**　即应用化学药物的液体或气体，使细菌、病毒发生繁殖生理障碍或直接引起死亡，从而达到消毒目的。

1）要根据不同的病原体对药物的敏感性不同而选择合适的消毒药。例如，细菌芽孢的抵抗力很强，一般消毒药很难杀灭，可选用漂白粉液、碘制剂或氯制剂消毒药；病毒对碱性药物敏感，故可用碱性消毒药，如氢氧化钠（烧碱）溶液。同时，还要根据消毒对象选用消毒药品。如对金属栅栏和工具等就不要选用腐蚀性强的氢氧化钠、过氧化氢（双氧水）等；环氧乙烷（氧化乙烯），在密封条件下、相对湿度30%~50%、温度38~54℃时，一般经6~24小时，每立方米800~1700克的用量可消毒污物中的炭疽芽孢，但该药物不能用于忌湿、热物品消毒，如精密仪器、生物药品、制药原料、衣服、皮裘、羊毛、饲料等。

2）消毒液必须有一定的有效浓度才有灭菌效果，一般情况下浓度越高消毒效果越好，但也不尽然，如乙醇，75%浓度杀菌效果最好，浓度过高和过低都影响其杀菌力。因此，必须按照说明使用。此外，还要有足够的数量，如果单位面积用药量不足，也起不到效果。浓度不够或用药量不足，不仅效果差，而且长期如此还可能使病原微生物产生耐药性。一般要求每平方米面积要喷洒药液1升（图1-32、图1-33）。

图 1-32　喷洒用消毒液　　　　　　图 1-33　消毒设备

3）消毒药与微生物接触时间越长，效果越好。而且被消毒的对象越干净消毒效果越好。所以，消毒前应将消毒对象清洗干净，消毒后应停留至少3天以上再冲洗。

4）药液温度高杀菌力强。一般温度升高10℃，灭菌效果可提高1~2倍，最好能用40℃左右的温水配制消毒药。

5）药物拮抗作用和化学反应。例如，酸性消毒药与碱性消毒药混合，则酸碱中和而使消毒药失效。有些消毒药混合后会发生剧烈反应，如高锰酸钾与甲醛或甘油混合可剧烈燃烧、与活性炭共研可爆炸；新洁尔灭不能与肥皂、碘酊、高锰酸钾等配合使用；碘酊也不能与甲紫溶液同用等。

6）消毒药要轮换使用。长期使用同一种消毒药会使病原微生物产生耐药性，使以后消毒效果降低甚至无效。因此，一个养殖场应备有几种消毒药，每种消毒药连续使用1个星期后要更换其他消毒药。

（4）**生物热消毒法**　生物热消毒法主要用于污染物（如垫料）和粪便的无害化处理。污物和粪便在堆沤过程中，其中的微生物发酵产热，温度可达到70℃及以上，经过一段时间（冬季1个月、夏季 7 天左右），粪污可全部腐败成熟，可成为上等有机肥料，而且除芽孢外的病毒、细菌、寄生虫等病原体也可全部被杀灭。此方法除含炭疽、气肿疽等芽孢杆菌（因有芽孢保护故一般消毒药很难将其杀灭）的粪便外，大部分传染病鸽的粪便都可以采用生物热消毒的方法。

3. 消毒对象

（1）**鸽舍消毒**　一般鸽舍消毒程序都是先清扫粪污，将其堆沤发酵进行生物消毒，再喷洒消毒药（图 1-34）或用喷灯火焰消毒。消毒时，墙壁、天棚、饲槽、鸽舍内其他设备、工具和周围场地、运动场等，都要喷药消毒。常用的消毒药有 10%~20% 生石灰乳，可用于鸽瘟、禽流感、鸽大肠杆菌病、鸽沙门菌病等的消毒；20% 的漂白粉，用于霍乱、鸽葡萄球菌病等的消毒；2% 氢氧化钠溶液，用于禽流感、鸽新城疫等的消毒。上述药品每平方米要喷洒药液 1000 毫升。

图 1-34　鸽舍路面用石灰消毒

鸽舍的空气消毒，一般每立方米用福尔马林（40% 甲醛）15 毫升、水 20 毫升，再加热蒸发，消毒 6 小时。或每立方米用 1~3 克过氧乙酸，配成 3%~5% 溶液加热挥发，密闭 1~2 小时（相对湿度为 60%~80%）。熏蒸消毒后要打开门窗通风 24 小时以上，将药味彻底排出后方可使用。

（2）**粪便消毒**　此法主要用于被病毒或芽孢等烈性病毒或细菌污染的粪便，如果有芽孢必须用焚烧掩埋法。一般传染病的粪便、污物，数量不多时，可挖深度为 1 米以上的深坑洒上消毒药液、生石灰进行掩埋及生物热消毒（图 1-35）。

图 1-35　粪污生物热消毒

（3）**污水消毒**　可在污水中加 10%~20% 的生石灰搅拌消毒。污水量大的要建沉淀池，通过厌氧菌分解污水中的有机物后，澄清的污水经管道流入另一个池中，按每立方米水体加入 6~10 克漂白粉消毒即可。

（4）**操作车间、车辆、工具消毒**　一般先清扫再喷消毒药液。但是，对运输、加工过患芽孢杆菌病的病畜及畜产品的车间、车辆、工具，要先喷消毒药再清扫，然后再用 4% 福尔马林液消毒，经半小时后再用热水洗刷，或重新消毒 1 次（图 1-36）。清扫下来的粪便按粪便消毒法处理。

图 1-36　运输车辆消毒

四、兽药和疫苗的选择

鸽病防治中兽药和疫苗主要发挥预防、治疗鸽病的作用，如何选择合适的兽药和疫苗将影响鸽群的健康。

1. 兽药的选择

（1）根据适应证选择药物　绝大多数抗菌药（含抗生素类、磺胺类、合成类抗菌药等）都是对细菌性传染病和一部分寄生虫有效，而大多数抗菌药对病毒性传染病无效，但可控制其继发感染。

（2）根据病原学特点和药物特性选择药物　药物使用一要对症下药，二要药物效果显著，否则就失去药物防控的意义，所以，选择使用药物预防时，必须根据临床实际需要，同时要考虑药物的特性。虽然药物防控不像疫苗那样有特异性，但仍要有针对性。药物防控不仅弥补了目前疫苗品种和剂型上的一些缺陷，还可争取在尽可能短的时间内达到防控的效果。比如在针对细菌性疫病时，通过病原分离培养和药敏试验，选择出高度敏感药物在临床上使用，往往可以达到事半功倍的效果。

（3）从减少养殖成本出发选择药物　选择防控鸽传染病的药物，既要高疗效和低药物残留，又要安全可靠和给药措施便于操作（图1-37~图1-40）。鸽用药不仅品种多，而且数量大，大多采用拌料饲喂或饮水给药，从节省养殖成本出发，合理选择药物也是非常重要的。

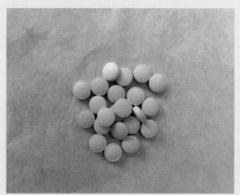

图1-37　片剂

图1-38　粉剂

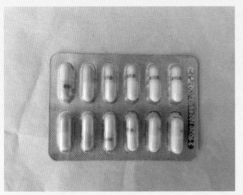

图 1-39　胶囊

图 1-40　喷剂

（4）注重中西兽药结合防控鸽病　近年来，随着养鸽业的蓬勃发展，我国用于防控鸽病的中兽药得到了很好的发展。尤其是配方加工成粉剂、口服液、颗粒剂等（图 1-41、图 1-42）。中兽药药理功能比较广，既能缓解症状也能控制病原。因此，熟练掌握其中一些病的中西兽药配合应用，能获得更显著的防控效果。

图 1-41　中兽药粉剂

图 1-42　中兽药口服液

（5）确诊后对症下药　鸽群发生传染病时要尽快确诊，采取紧急防控措施，扑灭疫情。当病情复杂而又不能及时分离病原时，应针对疫病的临床表现进行对症治疗和综合用药，使症状得到缓解，有利于鸽机体功能的恢复和抵抗力的提高。

（6）**避免药害发生** 严格掌握药物的剂量、浓度和疗程。许多药物，如果剂量大、浓度大或疗程长，即可产生药害。例如，磺胺类药物对雏鸽毒性较大，若以 0.5% 比例混料连喂 8 天，可引起脾脏出血、肿胀和坏死，可在肾脏和尿道中形成结晶而造成伤害，产蛋鸽可引起产蛋率下降；氨基糖苷类抗生素用量过大，会造成听神经和肾脏损害。因此，要按照药品说明书，严格控制药物的剂量、浓度和疗程，避免药害发生（图 1-43、图 1-44）。

图 1-43　加入中兽药粉拌料　　　　　　图 1-44　饲料与药物混合均匀

（7）**防止药物残留和实行休药期制度** 畜产品药物残留对人体健康的危害引起了全社会的高度重视，我国 2020 年版《中国兽药典》中已有部分药物规定了最高残留限量，全国各地普遍开展了对动物产品中药物残留无公害检测工作，以确保动物食品安全。养鸽场在防控兽药的使用过程中，要严格执行休药期制度，防止药物残留超标。

（8）**要到有"兽药经营许可证"的兽药店购买兽药** 要尽量远离价格特低、包装简陋的药品，购买兽药时，一定要求商家开具票据。兽药外包装上，必须在醒目的位置上注明"兽用"或"兽药"字样并附有说明书，说明书的内容也可印在标签上。标签或者说明书必须注明商标、兽药名称、规格、企业名称、地址、批准文号和产品批号、剧毒药标记，写明兽药主要成分及含量，用途、用法与用量、毒副反应、适应证、禁忌、有效期、注意事项和储存条件等。没有标注的，不能随便作为兽药使用。查兽药生产企业是否通过农业部 GMP 标准，是否有兽药生产许可证。合法的兽药生产企业的标签说明书应标示生产许可证号（图 1-45），凡未标明的或经查为未经批准的单位生产的兽药必然是假兽药产品。

图 1-45　兽药批准文号

2. 疫苗的选择

鸽使用的疫苗有活菌（毒）疫苗、灭活疫苗、类毒素、亚单位疫苗、基因缺失疫苗、活载体疫苗、人工合成疫苗、抗独特型抗体疫苗等。临床上常用的有冻干活疫苗和油乳剂灭活疫苗（图 1-46、图 1-47），如鸽痘冻干活疫苗、鸡新城疫 IV 系冻干活疫苗、鸽新城疫油乳剂灭活疫苗和禽流感 H5 亚型油乳剂灭活疫苗等。

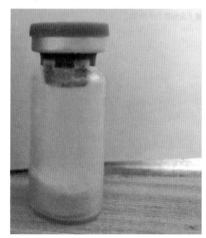

图 1-46　冻干活疫苗

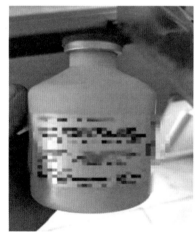

图 1-47　油乳剂灭活疫苗

（1）选择优质疫苗　在购买疫苗时，需要选择正规生物制药厂生产的优质疫苗，购进过程中需要检查疫苗包装、标签、生产日期、保质期和头份等是否和要求的一致，切忌购进三无产品或包装发生损坏的产品。例如，冻干活疫苗需要处于真空包装状态，灭活疫苗应混合均匀，没有发生沉淀现象。另外，说明书标记的疫苗特点应与实际观察到的疫苗一样，并且严格按照说明书选择正规的稀释液来稀释和使用。

（2）**妥善保管和运输**　在运输疫苗时，需要选用专门的疫苗运输车辆来运输，并且将疫苗用疫苗恒温箱来装运（图1-48），避免运输途中因外界温度的变化而影响疫苗效价。在保存过程中，应根据疫苗要求的存放温度来妥善保存，例如，冻干活疫苗和灭活疫苗需要的保存温度差异较大，应分别保存于冷冻室或冷藏室内（图1-49、图1-50）。并且运输和保存过程中不要将包装上面的标签和说明书损坏，为合理使用疫苗提供参考。

图1-48　疫苗恒温箱

图1-49　冷冻保存

图1-50　冷藏保存

（3）**保证疫苗安全**　如果当地没有其他种鸽场使用过新近流行的疫苗毒株，本场选择这种疫苗后，需要先用一小部分鸽来接种试验，确保疫苗效价良好和疫苗安全，避免大批次鸽接种疫苗后，发生意外或死亡现象。同时，在给鸽进行免疫接种之前，最好不要使用抗病毒或抗细菌的药物，因为这些药物会对疫苗毒株产生灭活作用，降低疫苗效价和免疫效果。

（4）**严格消毒**　在鸽群进行免疫前进行彻底的清洗和消毒，以杀灭或减少环境中存活的病原菌，但是在免疫后，需要间隔3天后再进行消毒，尤其是喷雾免疫和饮水免疫，消毒药物会对活疫苗产生强烈的灭活作用。注射免疫时，应对针头进行及时消毒处理，以免鸽群交叉感染疾病。建议对注射部位用酒精棉球进行消毒，减少针头受到污染的程度。在接种结束后，需要将剩余的疫苗、疫苗瓶和废弃物等进行深埋或焚烧，避免病原菌扩散和蔓延。

（5）**常用接种方法**

1）肌内注射。一般选择在腿部或胸部进行肌内注射，这些部位的神经系统和血管分布稀疏，在此注射不容易对鸽产生伤害。在胸部进行肌内注射时，需要正确掌握针头进入的角度和深度，避免对肝脏或骨膜产生伤害，进针角度应保持在45度，避免垂直插入刺破肝脏而引起鸽死亡的现象

（图1-51）。在腿部注射时需要在外侧肌肉进针，否则容易刺到腿部神经和胫骨，致使种鸽发生腿拐现象。

2）皮下注射。在种鸽周龄较小时，采取皮下注射的方法可以让机体更好地吸收疫苗，并且可以避免肌内注射引起的伤亡。皮下注射时一定先将皮肤用手抓起来，避免将疫苗注射到肌肉层而形成瘀血或肿块，有经验的技术人员，在皮下注射过程中能够明显感觉到疫苗已经注入皮下，应等到疫苗全部注射完毕才可以拔出针头，避免将疫苗带出体外而影响免疫效果（图1-52）。尤其是颈部皮下注射时，还需要远离头部，否则容易引起肿头现象，致使种鸽精神不振和食欲下降，严重危害鸽的健康状况。

图1-51　肌内注射

图1-52　皮下注射

3）刺种。刺种法一般是在鸽翅膀的三角区进行疫苗接种，此区域属于无毛区，可以避免疫苗被羽毛污染，建议用专门的刺种针蘸取足够的疫苗来接种，并且刺种针一定要蘸取足够的疫苗剂量，避免接种剂量不足而影响免疫效果（图1-53）。在接种后5~6天观察接种效果，一般在刺种部位看到红肿，然后慢慢结痂，说明免疫效果良好，否则需要重新刺种，以使种鸽获取理想的免疫力和抗体水平。

4）饮水免疫。在鸽群体较大时，可以采取饮水免疫来接种疫苗（图1-54），这种方法可以节省大量的人力和时间，但是如果操作不当，每只鸽摄入的疫苗剂量会有较大的误差。饮水免疫首先饮水要接近中性，饮水免疫前后不要进行饮水消毒，否则会对疫苗毒株有所伤害，在饮水免疫之前应限制饮水2小时左右。限水时间应根据季节和鸽周龄来确定，夏季和鸽周龄较大时，限水时间长一些，这样可以保证鸽同时饮用到足够的水量，从而保证每只鸽都获得均匀一致的疫苗剂量，这是确保免疫成功的关键措施。同时保证水位充足，避免鸽争抢饮水激烈而影响接种效果。因为在竞争激

图 1-53 刺种

图 1-54 疫苗伴侣

烈的情况下，一些弱小鸽无法获取足够的疫苗剂量，机体抗体水平较低，就会成为疾病暴发的导火索。

5）喷雾免疫（图 1-55）。喷雾免疫不仅可以刺激机体快速产生抗体，缩短免疫空白期，而且还可以节省人力、物力和减少免疫给鸽带来的应激反应。在喷雾免疫时，需要根据鸽周龄来确定雾滴大小，一般周龄越大的鸽需要的雾滴越小。然后在免疫之前需要对舍内环境进行调节，保证温度和湿度适宜，尤其是湿度应达到 60%~70%，促使疫苗雾滴尽量延长在空中悬浮的时间，湿度较低时，疫苗雾滴极易蒸发消失，容易降低疫苗剂量和效价，导致免疫失败。喷雾时需要在距离鸽头部上方1 米的区域进行喷雾，促使疫苗雾滴充分被鸽吸入呼吸道内。喷雾的剂量应准确，一般要求喷雾后鸽头部潮湿，可以看到细小的雾滴为宜。剂量过大极易给鸽带来冷应激，尤其在冬季，如果鸽体表潮湿，会受凉发生感冒或呼吸道症状。而剂量过小，一些鸽摄入疫苗不足会降低抗体水平导致免疫失败。

6）滴鼻、点眼。首先将疫苗进行稀释，再用滴瓶将疫苗液滴入鸽的鼻孔或眼睛内各 1 滴（图 1-56、图 1-57）。这种方法比较适合接种弱毒疫苗，鸽摄入疫苗抗原后，可以刺激呼吸道黏膜产生抗体，产生细胞免疫效果。在免疫过程中需要逐只进行，保证疫苗吸入后再放下鸽，避免鸽挣扎将疫苗液甩落下来。这种接种方法可以保证免疫效果，但是也比较费工、费力。

图 1-55 疫苗喷雾设备

图 1-56　滴鼻　　　　　　　　　　　　　图 1-57　点眼

五、引种环节的控制

鸽属于晚成雏、单配制禽类，种鸽的利用年限为 5~7 年，而且规模场可以自繁、自留、自养，因此搞好引种管理环节对于养鸽可持续生产具有重要意义。

1. 品种的选择

鸽品种多样，赛鸽、观赏鸽、肉鸽都有国外引进品种和地方培育品种。鸽场根据自己的实际情况选择引进品种。

2. 引种场选择

种鸽利用年限长，能否引进优良种鸽个体是决定养殖肉鸽成败与盈利的关键，因此要慎选引种场，保证引进优良的品种。引种场最好选择建场时间在 2 年以上、积累有丰富养殖育种经验、有信誉和技术实力的正规良种鸽繁育场，供种企业种鸽存栏要求达到 1 万对以上。按照《中华人民共和国畜牧法》规定，肉鸽供种企业应当取得"种畜禽生产经营许可证"，销售种鸽时，应当出具种畜禽检疫合格证明和引种数量证明。肉鸽良种场还应有系统的生产记录和育种记录，进行系统的免疫与驱虫。在考察供种企业有无育种措施的同时，还要实地调查，了解种源地肉鸽疫病发生情况，坚决做到不从疫区引种，特别是不从暴发过新城疫、禽流感等烈性传染病的地方引种。赛鸽的引种更复杂，可以引进当地的优秀赛鸽，或者是外地的但是适合当地气候、环境的赛鸽。很多人之所以失败是因为引进的是好鸽，但没有考虑当地的气候、环境，引进了不适合当地赛事的赛鸽。在确定要引进的鸽的品系之后，建议了解一下鸽的平辈、上一辈等一些鸽的表现情况。引种的时候，建议同一个鸽系的鸽引进两三只。同一品系的赛鸽配对，成功的概率更高，而且也容易形成稳定的品系。培育的后代鸽去比赛，就可以选留一些有赛季的鸽来近亲配对。而近亲配对出的下一代还是需要检验，并且选择成绩优秀、外表相似的鸽来留种（图1-58、图1-59）。

图1-58　赛鸽棚

图1-59　肉鸽鸽场

3. 种鸽挑选

　　良种肉鸽（图1-60）要求结构匀称，发育良好，额宽喙短，眼大有神，胸宽深而向前凸出，背平宽而长，龙骨直而不弯，腹大柔软，两脚粗壮且间距较宽，全身羽毛光洁润滑，紧贴身体；体形较长，而尾不垂地。赛鸽种鸽体形不应过大，更不可过小。要选择中等偏大体形的赛鸽，且整体呈现出三角形。选择种鸽鼻瘤时鼻根应与前脑紧凑。公鸽尽量选择短粗的信鸽为种鸽（图1-61），这样的公鸽爆发力好；母鸽要选择颈部细长的鸽，这样的鸽风阻更小更适合竞翔。种公鸽应该选择目

图1-60　肉鸽

图1-61　信鸽

光如炬，目露凶光的鸽；种母鸽就要选择比较静的鸽，这样的鸽更聪明。一般选择赛鸽头型时要选择那些平顶，这样的鸽定向能力更强，其后代在参赛过程中，要比其他鸽归巢能力更强一点。要选择信鸽嘴粗短的鸽，这样的鸽在进化中更适合冲刺，更加有利。嘴的颜色也要尽量选择黑灰色，这样嘴色的鸽是最多的，因其飞得快、适应能力强，才遗传了下来。选作种鸽的信鸽羽色应该为黑色、灰色或者灰黑相间，也就是日常说的瓦灰雨点鸽，这样的鸽生存能力更强。

六、疾病诊断的基本方法

1. 现场资料的调查与分析

为及时准确地诊断疾病，往往需要对下列某些方面进行详细的调查和了解。

1）养鸽场的历史，饲养鸽的种类，饲养量和上市量，核算方式和经济效益，工作人员文化程度和来源等。

2）鸽场的地理位置和周围环境，是否靠近居民点或交通要道，是否易受台风、冷空气和热应激的影响，地下水位高低或排水系统如何，是否容易积水等。

3）鸽场内鸽舍等的布局是否合理，尤其应注意宿舍、育雏区、种鸽区、孵化房、对外服务部的位置，鸽舍的长度、宽度、高度，所用材料及建筑结构，开放式还是密闭式，如何通风保温和降温，舍内的氨气及其他卫生状况如何，不同季节舍内的温度、湿度如何，采用何种照明方式、如何调节，是否有运动场等。

4）笼养，采用哪种送料方式和食槽，如何供水，采用哪种饮水器，粪便如何处理等。

5）饲料方面是自配还是从饲料厂购进，其质量和信誉如何，是谷粒料还是颗粒饲料，采用哪种饲喂方法，自由采食还是定时供应，是否有限饲等，饲料是否有霉变结块等。

6）饮水的来源和水质是否满足卫生标准，水源是否充足，是否曾缺水或断水。

7）鸽群逐日生产记录，包括饮水量、食料量、死亡数或淘汰数，1月龄的成活率、平均体重，肉鸽出栏情况，母鸽孵化情况等。

8）巢盆的数量、位置、卫生状况、集蛋方法及次数，包装和运输情况，种蛋的保存温度、湿度，是否有消毒，种蛋的大小、形状，蛋壳颜色、光泽、光滑度，有无畸形蛋，蛋清、蛋黄、气室等是否有异常等。

9）孵化房的位置、结构、温度和湿度是否恒定，受外界影响程度，孵化机的种类、结构、孵化记录，入孵蛋及受精蛋的孵化率，受精率，啄壳和出壳的时间，完成出壳时间，1日龄幼雏的合格率等。

10）养鸽场的发病史，过去发生过什么疾病，由何部门做过何种诊断，采用过何种防治措施，效果如何。

11）本次发病鸽的种类，群（栏舍）数，主要症状及病理变化。做过何种诊断和治疗，效果如何，是否可能有经饲料或饮水的中毒。

12）免疫接种情况，按计划应接种的疫苗种类，接种时间及实际完成情况，免疫程序是否合格，是否有漏接，疫苗的来源、厂家、批号，有效期及外观质量如何，疫苗的转运过程、保存条件等是否有差错，如运输过程中温度过高、保存过程反复停电或长时间停电等。疫苗种类的选择是否合适，疫苗稀释量、稀释液种类及稀释方法是否正确，稀释后在多长时间内用完，疫苗接种的途径是滴眼、滴鼻、饮水、气雾还是注射，是否有漏接错接的可能，免疫接种效果如何，是否进行过何种检测，是否有可能免疫失效，如有可能，其原因是什么。

13）药物使用情况，饲料中添加过何种抗球虫药或抗菌药物，本场曾使用过何种药物，剂量和使用时间如何，逐只投药还是群体投药，经饮水、饲料还是注射给药，过去是否曾使用过类似的药物，过去使用该种类的药物时，鸽群是否有异常现象。

14）鸽场和鸽群近期内是否还有什么其他与疾病有关的异常情况。

2. 临床检查

（1）群体检查　在进行群体检查时，主要肉眼观察，注意有无如下各种异常。

1）观察群体的营养状况、发育程度、体质强弱、大小均匀度；羽毛颜色和光泽，是否丰满整洁，是否有过多的羽毛断折和脱落；是否有局部或全身的脱毛或无毛，肛门附近羽毛是否有粪污等。

2）鸽群精神状况是否正常，在添加饲料时是否拥挤向前争抢采食饲料，或有啄无食，将饲料拨落地下，或根本不啄食。在外人进入鸽舍走动或有异常声响时鸽群是否普遍有受惊扰的反应，是否有震颤、头颈扭曲、盲目前冲或后退、转圈运动或高度兴奋不停地走动，是否有跛行或麻痹、瘫痪，是否有精神沉郁、闭目、低头、垂翅、离群呆立、喜卧不愿走动、昏睡的。

3）是否流鼻液，鼻液性质如何，是否有眼结膜水肿、上下眼结膜粘连、脸部水肿。浅频呼吸，深稀呼吸，临终呼吸，有无异常呼吸音、张口伸颈呼吸并发出怪叫声、张口呼吸而且两翅展开，口角有无黏液、血液或过多饲料黏着，有无咳嗽。

4）食料量和饮水量如何，嗉囊是否异常饱胀。排粪动作过频或困难，粪便是否为圆条状、稀软成堆或呈水样，粪便是否有饲料颗粒、黏液、血液，颜色为灰褐色、硫黄色、棕褐色、灰白色、黄绿色或红色，是否有异常恶臭味。

5）发病数、死亡数，死亡时间分布，病程长短，从发病到死亡的时间为几天、几小时还是毫无前兆症状而突然死亡等。

（2）**个体检查** 对鸽个体检查的项目与上述群体检查基本相同，除此之外，还应注意对个体做下列一些项目的检查。

1）体温的检查，用手掌抓住两腿或插入两翅下，可感觉到明显的体温异常，精确的体温要用体温计插入肛门内，停留10分钟，然后读取体温值。

2）皮肤的弹性，有无结节、软蜱、螨等寄生虫，颜色是否正常，是否有紫蓝色斑块，是否有脓肿、坏疽、气肿、水肿、斑疹、水疱等，胫部皮肤鳞片是否有裂缝等。

3）翻开眼结膜，眼结膜的黏膜是否苍白、潮红或黄色，眼结膜下有无干酪样物，眼球是否正常，用手指压挤鼻孔，有无黏性或脓性分泌物，用手指触摸嗉囊内容物是否过分饱满坚实，是否有过多的水分或气体，翻开泄殖腔，注意有无充血、出血、水肿、坏死，或有假膜附着，肛门是否被白色粪便所黏结。

4）打开口腔，注意口腔黏膜的颜色，有无发疹、脓疱、假膜、溃疡、异物，口腔和腭裂上是否有过多的黏液，黏液上是否混有血液，一手扒开口腔，另一手用手指将喉头向上顶托，可见到喉头和气管，注意喉气管有无明显的充血、出血，喉头周围是否有干酪样物附着等。

3. 病理解剖检验

（1）**体外检查** 先检查病死鸽的外观，羽毛是否整齐，面部是否有痘斑或皮疹，口、鼻、眼有无分泌物或排泄物，数量及质量如何，泄殖孔附近是否有粪污或被白色粪便所阻塞，脚皮肤是否粗糙或有裂缝，是否有石灰样物附着，脚底是否有趾瘤等。然后将被检鸽放在搪瓷盘上，此时应注意腹部皮下是否有腐败面引起的尸绿。

（2）**剖检操作顺序及注意观察的项目** 先用消毒药水将羽毛擦湿，将腹壁连接两侧腿部的皮肤剪开，用力将两大腿向外翻转，直至股关节脱臼，尸体即平稳地躺在搪瓷盘上。用剪刀分别沿上述腹部两侧的切线向前剪至胸部，另在泄殖孔腹侧做一横的切线，使其与腹侧切线相接，用手在泄殖孔腹侧切口处将皮肤拉起，向上向前拉使胸腹部皮肤与肌肉完全分裂。此时可检查皮下是否有出血，胸部肌肉的黏稠度如何，颜色是否有出血点或灰白色坏死点等。

在泄殖腔腹侧将腹壁横向剪开，再沿肋软骨交接处向前剪，然后一只手压住腿，另一只手握龙骨后缘向上拉，使整个胸骨向前翻转露出胸腔和腹腔，此时应先看气囊，气囊内浆液膜，正常为一透明的薄层，注意有无混浊、增厚或渗出物等，其次注意胸腔内的液体是否增多，器官表面是否有冻胶状或干酪样渗出物等（图1-62）。

继而剪开心包囊，注意心包囊是否混浊或有纤维性渗出物黏附，心包液是否增多，心包囊与心外膜是否粘连等，然后顺次将心脏和肝脏摘出，再将腺胃和肌胃、胰脏、脾脏及肠管一起摘出并逐一检查。再回头检查肺和肾脏是否正常（图 1-63~图 1-66）。

图 1-62　病理解剖

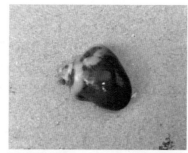

图 1-63　心脏

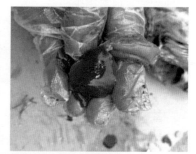

图 1-64　肝脏

图 1-65　肌胃

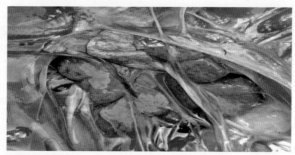

图 1-66　肾脏

继而用剪刀将下颌骨剪开并向下剪开食道和嗉囊，另将喉头气管剪开和检查。最后剖开头皮，取出颅顶骨，小心摘下大脑和小脑检查。

（3）**病理组织学检查**　对一些需要做病理组织学检查的组织，可采取组织材料做显微切片，取材的刀剪要锋利，用镊子镊住一块组织器官的一角，用锋利的剪刀剪下一小块，浸入固定液中固定，最常用的组织固定液是 10% 的福尔马林，然后按需要做切片染色和镜检。

4．微生物学诊断

（1）**采集病料**　为了准确的微生物学诊断结果，首先必须正确地采集病料，只能从濒临死亡或死亡几小时内的家鸽中采取病料，以使病料新鲜，应按无菌操作的要求进行，用具应严格消毒，可根据对临床初步诊断所怀疑的若干种疾病，做确诊或鉴别诊断时应检查的项目来确定采集病料的种类。较易采取的病料是血液、肝脏、脾脏、肺、肾脏、脑、腹水、心包液、关节滑液等。

（2）**涂片镜检**　少数的传染病，如曲霉菌病等，可通过采集病料直接涂片镜检而确诊。

（3）**病原的分离培养与鉴定**　可用人工培养的方法将病原从病料中分离出来，细菌、真菌、支原体和病毒需要用不同的方法分离培养，如使用普通培养基、特殊培养基、细胞、鸽胚和敏感动物等，对已分离出来的病原，还需要做形态学、理化特性、毒力和免疫学等方面的鉴定，以确定致病病原物的种属和血清型等。

（4）**动物接种试验**　如一些有明显临床症状或病理变化的鸽病，可将病料做适当处理后接种敏感的同种动物或对可疑疾病最为敏感的动物。将接种后出现的症状、死亡率和病理变化与原来的疾病做比较，作为诊断的论据，必要时可从病死鸽中采集病料，再做涂片镜检和分离鉴定。较常使用的实验动物是鸡、鹅、鸭、家兔、小白鼠等。

（5）**免疫学诊断**　根据抗原与抗体的特异性反应的原理可以用已知的抗原检测未知的抗体，也可用已知的抗体检测未知的抗原，目前较常使用的有血凝试验与血凝抑制试验、沉淀试验、中和试验、溶细胞试验、补体结合试验，以及免疫酶技术、免疫荧光技术和放射免疫等，可根据需要进行某些项目的试验。

5. 寄生虫学诊断

一些鸽寄生虫病的临床症状和病理变化是比较明显和典型的，有初诊的意义，但大多数鸽寄生虫病生前缺乏典型的特征，往往需要从粪便、血液、皮肤、羽毛、气管内容物等被检材料中发现虫卵、幼虫、原虫或成虫之后才确诊（图 1-67）。

图 1-67　粪便镜检球虫

6. 营养分析

对怀疑营养缺乏或代谢障碍的疾病，可以检测饲料中能量、蛋白质和氨基酸、维生素矿物质和微量元素等的实际含量，再与相应的营养标准做比较，以确定营养缺乏的种类和缺乏程度等。

7. 毒物检验

对某些怀疑为中毒的疾病，可运用分析学等方法，采取血液、粪便、胃肠内容物、空气、饲料和饮水等做毒物的定性与定量分析，以确定毒物的种类和中毒的原因等。

8. 对比治疗试验

有时候虽然经过某些项目的检验，仍未能对疫病做出确诊，而疾病又比较急，在实验室确诊之前往往需要先做治疗处理，此时可根据临床症状和病理变化先做出初步诊断，并分组做相应的治疗试验，如治疗效果明显，也可作为确认依据之一。

9. 分子生物学诊断技术

分子生物学技术将在鸽病的快速、准确诊断中扮演重要角色。二十一世纪，一方面由于科学技术的不断进步和广大鸽病工作者的持续努力，一些老的鸽病将逐渐得到控制；然而另一方面新疾病的出现或者由于抗原的漂移或转换产生了新的抗原型又将困扰养鸽业。常规方法虽然具有许多优点，但其费时、敏感性低、烦琐、漏诊、误诊的缺点也同样明显。对于集约化养鸽业，在疾病诊断上要体现两个字，即"快"和"准"。"快"即快速，诊断迅速，时间就是金钱，在诊断时间上的延误将导致损失的进一步扩大；"准"即准确，误诊的后果是可想而知的。通过快速、准确对疾病做出诊断，才可为防治疾病提供信息，做到对症下药，避免损失扩大。

用于鸽病诊断的分子生物学方法主要有聚合酶链式反应（Polymerase Chain Reaction，PCR），也称基因诊断，核酸探针技术（Nucleic Probe），限制性内切酶片段长度多态性分析（Restriction Fragment Length Polymorphism，RFLP），序列分析（Sequencing）。

（1）**PCR 技术在鸽病诊断和研究中的应用**　PCR 体外基因扩增方法是根据体内 DNA 复制的基本原理而建立的，首先针对待扩增的目的基因区的两侧序列，设计并经化学合成一对引物，长度为 16~30 个碱基，在引物的 5′ 端可以添加与模板序列不相互补的序列，如限制性内切酶识别位点或启动子序列，以便 PCR 产物进一步克隆或表达之用。

自从 PCR 发明以来，已经在生命科学领域得到了广泛应用，在人类医学上，基因诊断已经十分普遍，在鸽病学上目前也先后报道了许多病毒和细菌的 PCR 检测方法（图 1-68）。具体有：沙门菌、大肠杆菌、禽流感病毒、新城疫病毒、传染性支气管炎病毒、传染性喉气管炎病毒、传染性法氏囊病毒。

图 1-68　PCR 仪器

　　PCR 技术不仅具有简便、快速、敏感和特异的优点，而且结果分析简单，对样品要求不高，无论新鲜组织或陈旧组织、细胞或体液、粗提或纯化 RAN 和 DNA 均可，因而 PCR 非常适合于感染性疾病的监测和诊断。近年来 PCR 又和其他方法组合成了许多新的方法，如用于 ILT 诊断的着色 PCR（Coluric-PCR），抗原捕获 PCR（AC-PCR）等，进一步提高了 PCR 的简便性、敏感性和特异性，随着越来越多的目的基因序列的明了，PCR 应用范围必将更加广泛。相信不久的将来，用于家鸽疾病诊断的 PCR 试剂盒将在鸽病诊断实验室得到广泛应用。

　　（2）核酸探针技术在鸽病诊断和研究中的应用　核酸探针已被广泛应用于筛选重组克隆，检测感染性疾病的致病因子和诊断遗传疾病，其基本原理即为核酸分子杂交，双链核酸分子在溶液中若经高温或高 pH 处理时，即变性解开为两条互补的单链。当逐步使溶液的温度或 pH 恢复正常时，两条碱基互补的单链便会变性形成双链，所以核酸探针是按核酸碱基互补的原则建立起来的。因此，核酸杂交的方式可在 DNA 与 DNA 之间、DNA 与 RNA 之间及 RNA 与 RNA 之间发生。当我们标记一条链时，便可通过核酸分子杂交方法检测待查样品中有无与标记的核酸分子同源或部分同源的碱基序列，或"钩出"同源核酸序列。这种被标记的核酸分子称为探针（Probe）。

　　（3）RFLP 技术在鸽病诊断和研究中的应用　借助于 PCR 技术，对目的基因进行的扩增，然后用酶切的方法对病毒的 PCR 产物进行分析，如果该病毒有不同血清型，则酶切产物电泳图谱会呈现差异；反之，根据酶切图谱的差异，也可以判定病毒的血清型，从而对该病做出诊断。

（4）序列分析在鸽病诊断和研究中的应用　　对鸽病诊断实验室分离的野毒，进行随机克隆，然后用 Sanger 的双脱氧法对其进行序列测定，接着将序列分析结果输入电脑，与 Genebank 中已经发现的鸽病基因序列进行比较，从而做出判断。

10. 其他检验

在鸽病诊断过程中，必要时还可进行下列某些项目的检验：血常规检验、血液生化检验、血液中酶活性的测定、肝功能和肾功能检验等。

七、病死鸽的无害化处理

病死鸽的无害化处理主要依据中华人民共和国农业农村部令 2022 年第 3 号《病死畜禽和病害畜禽产品无害化处理管理办法》进行。

1. 需要进行无害化处理的几种情形

组织兽医、专家组对病死鸽进行诊断，经确诊为以下几种情形可进行无害化处理：

1）确认为高致病性禽流感、鸽新城疫、鸽结核病及其他严重危害人畜健康的病害动物及其产品。

2）病死、毒死或不明死因病鸽的尸体。

3）经检验对人畜有毒有害的、需销毁的鸽产品。

4）从病鸽体割除下来的病变部分。

2. 无害化处理病鸽尸体的方法

（1）深埋处理　　深埋处理，首先要选择合适的深埋场。场地一定要选在远离居民生活区、禽畜养殖区、水体和水源地，地质稳定，且在居民生活区的下风处，在生活取水点的下游，避开雨水汇集地，方便病死鸽运输和消毒杀菌。其次，一定要挖深坑。对大批量处理的病死鸽，覆土后病死鸽离地面至少要有 3 米深；个别处理的病死鸽，覆土后病死鸽也要离地面至少 1 米深，且要保证病死鸽不被野狗等动物扒出来。再次，一定要做好消毒杀菌处理。深坑一定要铺放大量的生石灰、氢氧化钠等消毒剂，然后放一层病死鸽撒一层生石灰，最后再覆土。覆土后，再对掩埋地周边喷洒消毒剂（图 1-69）。

（2）焚烧处理　　焚烧处理是较为彻底的处理鸽尸体的方法，如果养殖场周围有采用焚烧炉的垃圾处理厂，则可以把病死鸽集中运输到垃圾处理厂，用专业的焚烧炉进行焚烧。这种方法比较适合大规模养殖场等企业无害化处理病死鸽。对于附近无垃圾焚烧厂的养殖场或小规模养殖户，则可自行建造小型焚烧炉，配合利用沼气、木柴等生态燃料对病死鸽进行焚烧，但需配套安装炉盖与废气导管，并在废气排出口安装简易的喷淋装置，以做净化废气用。另外，焚烧炉要建在远离水源和居民生活区的空旷地，且要在居民生活区的下风处（图1-70）。

图 1-69 深埋

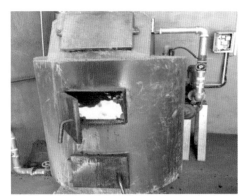

图 1-70 焚烧炉

（3）**自然分解处理** 自然分解法就是建造一个容积大的带密封盖的水泥池井，池底不需要铺水泥硬化，把病死鸽投进池井里，再用盖子封紧井口，让病死鸽的尸体自然分解。如果是疫病引起的病死鸽，最好混合生石灰一起投池井内。分解池的建造也要远离水源和居民生活区，虽然前期投入的成本比较高，但利用自然分解是无害化处理病死鸽最环保节能的方法，处理能力也比较好，适合大量集中处理病死鸽。

3. **人员必须要做好自我防护**

必须穿戴防护服（图1-71）、雨鞋、手套、口罩，先将扑杀的动物进行电击致死，对运送动物尸体和病害动物产品的车辆，装前卸后必须要消毒。

图 1-71 防护服

第二章

鸽病毒性传染病

一、鸽新城疫

鸽新城疫，俗称鸽瘟，是由鸽 I 型副黏病毒（Pigeon Paramyxovirus，PPMV-1）引起的急性、烈性、败血性和高度接触性传染病，在鸽群中有时呈流行性暴发，有时则零星发生，其特征有下痢、震颤，单侧或双侧性腿麻痹，后期病例为头颈歪斜，死亡率为 20%~80%。本病病原是鸽 I 型副黏病毒，与鸡新城疫病毒类似，不同年龄、品种的鸽都易感染，一年四季都可发生。感染途径是消化道、呼吸道、泌尿生殖系统和眼结膜。

病原

鸽 I 型副黏病毒具有与鸡新城疫病毒类似的特性，同属禽副黏病毒属，能凝集多种动物（包括人）的红细胞，也可致死鸡胚。鸽 I 型副黏病毒与鸡新城疫病毒在鸽和鸡之间能否相互感染的问题，尚无一致意见。据报道，鸽 I 型副黏病毒接种鸡不易引发感染，而鸡新城疫病毒则可使鸽感染发病并传给鸡。

从各地发病鸽群中分离到的毒株，其抗原性、生物学特性和致病力等方面有些差异，其中，Ⅵ基因型的强毒株最常见。鸽 I 型副黏病毒在 4℃中可存活 1~2 年，−20℃时能存活 10 年以上，37℃可存活 7~9 天。鸽 I 型副黏病毒受热、日光、紫外线辐射、氧化作用和多种化合物等物理与化学因素的作用而破坏，然而病毒毒株类型、暴露时间、病毒数量及处理方法等对病毒感染性的灭活程度有一定影响，单一处理不能保证杀灭所有的病毒，但至少可以减少感染性病毒的存活率。处理方法包括：60℃下作用30分钟，55℃下作用45分钟或阳光直射30分钟，常用浓度的氢氧化钠、苯酚和福尔马林等作用30分钟。

流行特点

不同品种、龄期的鸽均有易感性，鸽龄越小，敏感性越高，其中以乳鸽的敏感性最高，5~15日龄的乳鸽最易发病死亡，新疫场的发病率和死亡率较高。一般来说，乳鸽、童鸽的发病率可高达50%~80%，有的甚至高达95%以上，死亡率为10%~80%；老疫场多见种鸽散发，死亡率低，但乳鸽和童鸽的发病率和死亡率仍较高。信鸽发病较少，多见于3岁以下的信鸽，而4岁以上者少见发病和死亡。本病易与鹅口疮、毛滴虫病、大肠杆菌病、沙门菌病、鸽出血性败血症、鸽痘等疾病中的一种或几种并发或继发，并因此而造成死亡率升高。本病无明显季节性，广东以冬、春季节多发。

临床症状

潜伏期为1~10天，一般为1~5天，有的长达28天。发病初期，少数鸽在无任何症状的情况下突然死亡。继而大部分鸽陆续表现体温升高，神疲羽松（图2-1），翅膀下垂，食欲减退，饮欲增加，全身震颤，闭目呆立，张口呼吸，倒提时有大量黏液从口腔流出。随着病情的发展，病鸽缩头闭眼，食欲废绝，不愿走动，全身震颤更为明显，粪便由水样渐变为黄绿色（图2-2）。发病2~7天，阵发性痉挛、头颈扭曲（图2-3）、颤抖和角弓反张等神经症状的病例增多；个别有张口呼吸或结膜炎，眼睑肿胀。后期出现腿麻痹，不能站立，常蹲伏或侧卧，排污绿色稀薄或糊状粪（图2-4），最后衰竭死亡。病程一般为1~7天，转为慢性者，可见进行性消瘦和贫血。

图2-1 病鸽神疲羽松

图2-2 病鸽排黄绿色稀粪

图2-3 病鸽头颈扭曲

图2-4 病鸽排污绿色稀粪

　　鸽尸明显脱水，眼睛下陷，皮肤及胫部干皱，羽毛尤其肛周及后腹区羽毛常粘有黄绿色或污绿色稀粪。剖检时因皮肤失水干燥而较难剥离，颈部皮下广泛性瘀斑性出血（图2-5），呈紫红色或黑红色，有的呈弥漫性红色；颅骨顶端常有出血斑，脑膜充血、针尖大点状出血；肝脏肿大、斑状出血（图2-6），脾脏有瘀血斑，胰腺色泽不均及有充血斑；腺胃、肌胃交界处条纹状出血，腺胃乳头出血（图2-7），肌胃角质下斑状充血或出血；小肠浆膜充血，黏膜弥漫性出血（图2-8）；心冠状沟及心肌点状出血（图2-9）；少数病例喉头、气管黏膜充血或环状出血（图2-10），有的口腔内充满黏液

图2-5 病鸽颈部皮下广泛性瘀斑性出血

图2-6 病鸽肝脏斑状出血

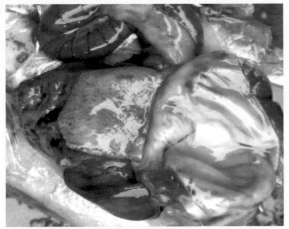

图2-7　病鸽腺胃乳头出血

图2-8　病鸽肠道出血

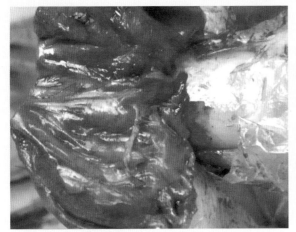

图2-9　病鸽心肌点状出血

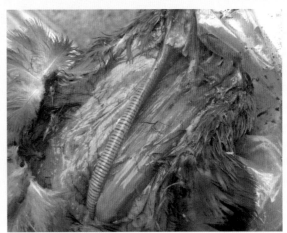

图2-10　病鸽气管环状出血

或干酪样物。

诊断

本病临床症状（腹泻、震颤、腿麻痹、神经症状）及剖检病变（颈部皮下广泛性瘀斑性出血、颅骨顶部有出血斑）有特征性，据此可做出初步诊断，确诊有赖于进行相关血清学试验或病毒分离鉴定。

病名	与鸽新城疫的相似点	与鸽新城疫的不同点
禽流感	二者均表现精神萎靡、食欲减退、体温升高、羽毛松乱，口鼻分泌物增加、呼吸困难等临床症状，后期腿脚麻痹、难以站立；剖检后均有颈部皮下弥漫性瘀血，腺胃乳头、肌胃角质层下出血，肝脏肿大等病变	鸽禽流感的病原为正黏病毒科流感病毒属 A 型流感病毒；病鸽主要表现为呼吸困难和产蛋率下降，出现全身震颤、闭目呆立，眼睑肿胀，嗉囊内充满黏稠液体，倒提时有大量黏液从口腔流出，后期排污绿色稀薄或糊状粪；剖检主要为喉部、气管环状出血，肺轻微出血、瘀血；与鸽新城疫相比，无扭头歪颈等神经症状。通过实验室方法可准确区分，既可以根据禽流感病毒和新城疫病毒凝集红细胞种类的不同进行区别，也可以通过血凝抑制试验检测抗体方法进行区别
鸽沙门菌病	二者均表现体温升高、食欲减退、饮水增加、精神萎靡、羽毛松乱、呆立，排水样或黄绿色稀粪，同时出现偏头、歪颈等神经症状；剖检后肝脏肿大、斑驳出血，小肠黏膜肿胀、出血	鸽沙门菌病的病原为沙门菌，目前主要发现 6~7 种血清型的沙门菌，其中以鼠伤寒沙门菌哥本哈根变种最为常见；病鸽发生神经症状的比较少（约 5%），死亡率不高；剖检肺部有炎症、肉芽结节，肝脏有针尖样黄白色坏死点，脾脏肿大；通过肝脏等组织可分离到细菌，经过生化鉴定可确定为沙门菌；本病使用抗生素有疗效
鸽霍乱	二者均表现体温升高、精神萎靡、闭目呆立、脱水、食欲减退、饮欲增加，呼吸困难，倒提时口鼻往外流浅黄色带泡沫的黏液；剖检肝脏肿大，腺胃与肌胃的交界处有出血带，心冠状沟出血，肠黏膜出血等	鸽霍乱的病原为多杀性巴氏杆菌；剖检肝脏表面的灰白色坏死点及脏器浆膜（尤其是心冠脂肪及心外膜）的出血，具有特征性；鸽霍乱的肝组织触片瑞氏染色可见两极着色的巴氏杆菌，使用磺胺类药物等抗菌药物可治愈
禽脑脊髓炎	二者发病时都表现出明显的震颤，精神萎靡等	禽脑脊髓炎的病原为禽脑脊髓炎病毒；眼单侧或双侧有同样的变色区；剖检可见腹部皮下和脑有蓝绿色区，肝脏多发生脂肪变性，脾脏肿大；组织病理学检查可见神经胶质细胞中有明显的弥漫性或结节状增生，脑和血管周围可见淋巴细胞浸润，各脏器组织大量细胞浸润、产生小结节；实验室可用鸡胚接种法、血清中和试验、荧光抗体试验等进行检测
维生素 B_1 缺乏症	二者均表现精神萎靡、食欲减退、羽毛松乱无光泽等，同时均会引起头颈扭曲等神经症状	维生素 B_1 缺乏症是由于缺乏维生素 B_1 导致的；病程表现为渐进性的，由轻而重，且其神经症状呈现"观星"姿势，即头向后背极度弯曲、呈角弓反张状，腿软无力；剖检死亡的雏鸽呈皮下广泛性水肿，主要有胃肠炎症状等；在喂相同饲料的情况下，表现为全群发病，补充维生素 B_1 后症状即改善

（1）**疫苗免疫接种** 目前常用疫苗有鸽Ⅰ型副黏病毒灭活疫苗和鸡新城疫弱毒疫苗等。鸽Ⅰ型副黏病毒灭活疫苗使用安全，适于皮下或肌内注射接种，鸽免疫后7天左右即可获得对本病的抵抗力，如果于首免后7~10天加强免疫1次，可显著提高其抗体水平和免疫力，以后建议每隔6~9个月定期接种1次。

鸡新城疫弱毒疫苗（主要是Ⅳ系弱毒疫苗和克隆30弱毒疫苗），因其与鸽Ⅰ型副黏病毒可能存在抗原性差异，现场的免疫效果不一，为此常与鸽Ⅰ型副黏病毒灭活疫苗结合使用。应注意的是，为防止其在鸽体内毒力不断增强，在无本病发病史的鸽场慎用此类弱毒疫苗。

此外，还有采集死于本病的新鲜鸽脾脏、胰腺、肝脏、脑和肾脏等脏器，经一定程序制备的灭活组织苗。其适于肌内注射接种，多用于感染初期或可疑的鸽群接种。

（2）**加强饲养管理** 在日常养殖中要做好针对性饲养管理，结合鸽不同生长阶段补充不同营养，对饲料养分合理搭配，提升鸽机体综合抵抗力，避免大量营养丢失诱发病症。保持养殖环境透气透风，空气流通现状较好，还要设定阻止其他小动物进入鸽舍的装置。场内工人进出一定进行自身消毒，进入养殖现场的养殖人员要及时更换衣帽鞋靴，防止疫情扩散。定期对养殖区域周边环境杂草进行清除，清理各类垃圾。在鸽养殖区域避免养殖各类家禽，避免产生交叉感染问题。

（1）**加强隔离和消毒** 在鸽饲养阶段要注重各项管理工作，对养殖场地、鸽舍、笼具、巢窝、食槽、水具等进行全面消毒，对养殖区域中病鸽及各类排泄物及时进行清理，实施无害化处理操作。选取1:200百毒杀（癸甲溴铵）进行消毒。应用过氧乙酸对养殖区域进行全面消毒。养殖管理人员要及时对病鸽进行隔离养殖。

（2）**用疫苗进行紧急接种** 针对病鸽要及时注射鸽新城疫高免卵黄抗体。养殖人员要做好养殖监控工作，对各个环节精确化记录，发现病情之后，要及时应用鸡新城疫油乳剂灭活苗进行紧急防疫，用干扰素和免疫介导素饮水，同时配合复方抗病毒中药黄连解毒散治疗，待疫情稳定后2周后，再接种疫苗。

（3）**中药治疗** 治疗本病可试用中药银翘解毒片，1次半片至1片，1日2次，连喂3~5天。也可用黄芩100克、桔梗70克、半夏70克、桑白皮80克、枇杷叶80克、陈皮30克、甘草30克、薄荷30克（后下），煎水供100只鸽饮用1天，连用3天。此外还可用金银花、板蓝根、大青叶各20克，煎水饮服或灌服，每只鸽每次5毫升，日服2次。

二、禽流感

禽流感是由 A 型流感病毒引起的感染不同品种日龄的水禽及其他禽类的一种传染病。由于鸽通常被认为是带毒者，可能带来禽流感的新威胁，因此防治鸽的禽流感具有公共卫生学意义。高致病性禽流感已被世界动物卫生组织（OIE）规定为 A 类传染病，中华人民共和国农业农村部公告第 573 号《一、二、三类动物疫病病种名录》将高致病性禽流感列为一类疫病。目前，我国高度重视高致病性禽流感的防控，免费发放疫苗并实行强制免疫。

病原 病原为正黏病毒科流感病毒属 A 型流感病毒。该病毒的血清型众多，目前确认一种为血凝素（HA），另一种为神经氨酸酶（NA）。迄今为止，A 型流感病毒的 HA 已发现 14 种（或 16 种），NA 有 9 种（或 10 种），分别以 H_1~H_{14} 或（H_{16}）、N_1~N_9（或 N_{10}）命名。不同的 H 抗原或 N 抗原之间无交叉反应。流感病毒经实验分型为非致病性、低致病性和高致病性毒株。由 H_5 和 H_7 亚型毒株（以 H_5N_1、H_5N_2、H_7N_1 和 H_7N_9 为代表）所引起的疫病为高致病性禽流感，其发病率和死亡率都很高。该病毒的抵抗力不强，许多普通消毒液能快速杀灭，如甲醛、过氧乙酸、甲酚皂等。紫外线也能较快地灭活病毒。在 65~70℃时数分钟即可灭活病毒。但病毒在干燥、低温环境中却能存活数月以上。

流行特点 鸽的禽流感是由 A 型流感病毒引起的接触性传染病。本病流行规律与鸡的禽流感相似，每年从秋末到初春较为流行，各日龄鸽都易感，但以乳鸽最为敏感。传播迅速，病程短，发病率高，死亡率高。病鸽和死亡的鸽是主要传染源，病毒可以通过污染饲料、饮水、用具等传播，本病也可以通过呼吸道、消化道、创伤等途径感染。

临床症状 潜伏期为 3~5 天，因病毒的毒力不同而表现的症状也有差异。病鸽呈现出精神萎靡（图 2-11），食欲减退，不爱活动，低头缩颈，体温略有升高，体重下降，对周围环境刺激反应迟钝，饮水增加。病鸽两眼肿胀，并流出胶状分泌物，流鼻涕、鼻阻塞、打喷嚏（图 2-12）。因呼吸急促发出啰音，有的呼吸困难，严重的可窒息死亡（图 2-13）。随着病程的延长，有些病鸽出现头颈扭转、转圈、运动失调、不能站立等神经症状（图 2-14）。常常扭动脖子，羽毛松乱，双足冰冷，因怕冷而蜷缩于鸽舍一角。有的病鸽头部、颈部和胸部水肿。发病后 1~5 天死亡，死亡率可达 50%~100%。

图2-11　病鸽精神萎靡

图2-12　两眼肿胀，并流出胶状分泌物，流鼻涕

图2-13　病鸽因呼吸困难而死亡

图2-14　病鸽出现神经症状

病理变化　　颈部皮下弥漫性瘀血、出血（图2-15），喉部、气管环状出血（图2-16），支气管有出血，嗉囊内充满黏稠液体，肺轻微出血、瘀血，胸腺出血肿大，肝脏肿大，腺胃乳头出血，肌胃和腺胃交界处有条状出血斑，肌胃角质层下有点状出血（图2-17）；十二指肠黏膜均有明显的出血斑点（图2-18），胰腺坏死或出血。输卵管水肿、充血，内有灰白色分泌物，卵泡充血、出血、破裂（图2-19）。泄殖腔有出血，肾脏肿胀（图2-20）。

图 2-15　病鸽颈部皮下弥漫性出血

图 2-16　病鸽气管环状出血

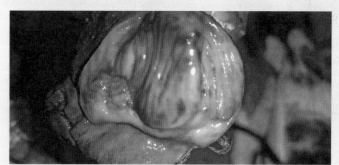

图 2-17　病鸽肌胃角质层下有点状出血

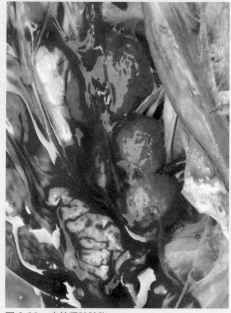

图 2-18　病鸽十二指肠黏膜出血

图 2-19　病鸽卵泡破裂

图 2-20　病鸽肾脏肿胀

诊断

（1）**临床诊断**　根据流行特点、临床症状和病理变化可做出初步诊断。

（2）**实验室诊断**　病毒的分离和鉴定、琼脂扩散试验、血凝及血凝抑制试验、酶联免疫吸附试验和聚合酶链式反应等。H_9亚型低致病性禽流感应注意与鸽新城疫的鉴别诊断。

预防措施

（1）**免疫接种**　对种鸽和后备鸽接种疫苗，一般可选用鸡的 H_5-H_9 两价灭活疫苗。在 20~30 日龄时进行第 1 次接种，以后每隔 3 个月接种 1 次，每次 0.3~0.5 毫升，肌内注射。

（2）**加强饲养管理**　冷天在鸽饮水中放点辣椒粉或高粱酒，使鸽经常保持兴奋状态，这对耐寒是很有效的。不从疫区引进种鸽。如果附近鸽场有本病发生，应果断采取严密封锁工作。注意鸽舍通风，定期加强消毒，同时做好免疫鸽群的抗体检测工作。

治疗方法

（1）**发生高致病性禽流感的措施**　发现病情应将病鸽全部淘汰（因为康复鸽仍带有病毒，能在天气突变等应激条件下传播本病），立即严密封锁现场，并进行全面彻底消毒，以避免继发感染。

（2）**发生低致病性禽流感的治疗措施**　治疗可试用下列药物或处方：

1）口服连翘解毒片 1 片或复方阿司匹林片 1/6 片，每天 2 次，连服 3 天，并保证供水。

2）每天同时服大蒜头半瓣，并在饮水中放入大蒜，对鸽群预防感冒特别有效。

3）双黄连口服液，每只病鸽每次饮服 1 毫升，1 天 3 次，连饮 5 天。

4）中药治疗。

方一：大青叶 80 克、三桠苦 40 克、白茅根 70 克、鸭脚木 70 克、大头陈 70 克、薄荷 30 克（后下）煎水供 100 只鸽饮用，每天 1 剂，连用 3 天。

方二：黄芩 100 克、桔梗 70 克、半夏 70 克、桑白皮 80 克、枇杷叶 80 克、陈皮 30 克、甘草 30 克、薄荷 30 克（后下）煎水供 100 只鸽饮用，每天 1 剂，连用 3 天。

5）幼鸽患本病时，除药物治疗外，可适当喂食葡萄糖或蜂蜜，以增强体质及自身的抗病能力。一些重病鸽还可注射抗生素类药物，每天 1 次，连用 3 天。如用青霉素，每次每只 5 万国际单位；如用 2.5% 恩诺沙星注射液，0.1 毫升 / 千克体重，每天 1 次，连用 3 天。

6）为了尽快治好病鸽，除用以上处方外，还可加喂黄芪多糖 1 毫升。或饮口服补液盐，其配方是：碳酸氢钠（小苏打）2.5 克、氯化钠 3.5 克、氯化钾 1.5 克、葡萄糖 20 克，加常水 1000 毫升，混合后，让鸽自饮，连饮 5 天。

三、鸽 I 型疱疹病毒感染

鸽 I 型疱疹病毒感染是一种病毒性传染病。本病于 1945 年由 Smade 首次报道。自 1967 年以来，许多国家都分离到了本病。

病原 I 型疱疹病毒属于疱疹病毒科，具有一定的形态和典型疱疹病毒的理化性特征。对所有的禽类细胞培养物易感，但是细胞病变不一致，只有鸡胚成纤维细胞培养的病变一致。

流行特点 鸽是 I 型疱疹病毒的自然宿主，多数鸽为无症状带毒者，通过直接接触感染后 24 小时开始排毒，1~3 天达到排毒高峰，可以维持 7~10 天。感染鸽的鼻腔、喉头能分离到病毒，故可通过成年鸽的接吻、亲鸽哺喂幼鸽而直接接触感染。也可经过上呼吸道和眼结膜感染。患过本病的鸽有长久的免疫力，但有的鸽可长期带毒和向外排毒。

临床症状 急性型表现为病鸽经常打喷嚏，结膜炎、结膜出血（图 2-21），鼻腔内有黏液或气管内有黄色湿润物质阻塞（图 2-22）。慢性型的症状与继发感染有关系（如支原体、大肠杆菌等），只能观察到鼻腔肿胀和呼吸困难（图 2-23）。

图 2-21 病鸽结膜出血　　图 2-22 病鸽气管内有黄色湿润物质阻塞　　图 2-23 病鸽鼻腔肿胀

**病理
变化**

口腔、咽部、喉部黏膜充血、出血，严重时黏膜表面出现溃疡或坏死灶（图 2-24）。咽部感染时，出现白喉性假膜；全身感染时，肝脏出现坏死灶。继发其他病原菌感染上呼吸道时，可见气管内有干酪样物质，有的出现气囊炎或心包炎。

图 2-24　病鸽口腔出现坏死灶

**类症
鉴别**

病名	与鸽 I 型疱疹病毒感染的相似点	与鸽 I 型疱疹病毒感染的不同点
鸽新城疫	二者均表现呼吸困难、精神萎靡、食欲减退等，口鼻内充满黏液；剖检呼吸道黏膜有干酪样物质，喉部黏膜出现充血、出血等	鸽新城疫的病原为鸽 I 型副黏病毒；以排黄绿色稀粪和出现神经症状为主，传播快，发病率很高，死亡率较高，出现扭头歪颈等神经症状的很多；剖检可见腺胃乳头和肌胃出血等特征性病变
黏膜型鸽痘	二者均表现精神萎靡、食欲减退、消瘦，呼吸困难、严重时甚至窒息而亡等；剖检口腔、咽部等充满干酪样物质，出现白喉性假膜	黏膜型鸽痘的病原为鸽痘病毒；口腔和咽部等黏膜部位出现痘疹；剖检可见其口腔黏膜痘疹蔓延至气管、食道和肠道，肝脏、脾脏和肾脏肿大，有时可见肠道黏膜点状出血；假膜不易脱落，撕去假膜则露出血的溃疡面，同时体表也会出现痘痂；实验室常用血清中和试验、PCR 等检测病毒
鸽毛滴虫病	二者均表现精神萎靡、羽毛松乱、食欲减退、消瘦、口腔内有黏液、呼吸困难等；剖检口腔、咽部等有干酪样物质，出现假膜	鸽毛滴虫病是由禽毛滴虫引起的，根据侵害部位可分为咽型、泄殖腔型、脐型及内脏型 4 种表现型；泄殖腔型病鸽的泄殖腔狭窄、排泄困难，粪便堆积于泄殖腔，有时粪便带血；脐型病鸽的脐部红肿形成炎症或肿块，有的发育不良会变成僵鸽。剖检可见黄白色假膜，容易做无血分离，且剥离后不留痕迹；泄殖腔型病鸽的小肠轻度充血、肿胀，内容物呈黄色糊状，直肠和泄殖腔内黄色结节难以剥离；脐型病鸽的脐部肿块切开有干酪样病变或溃疡型病变；内脏型病鸽的肝脏出现黄色圆形病灶，肠道鼓气、黏膜增厚。如做湿片镜检，可看到活动的小虫体

病名	与鸽Ⅰ型疱疹病毒感染的相似点	与鸽Ⅰ型疱疹病毒感染的不同点
鸽念珠菌病	二者均表现精神萎靡、食欲减退、羽毛松乱、呼吸困难等，鼻腔内有大量分泌物；剖检可见白色干酪样物质、假膜	鸽念珠菌病病原为白色念珠菌；常发于2~4月龄的童鸽，伴有呕吐，呕吐物呈豆腐渣状；剖检可见口、咽、食道黏膜增厚，口腔、食道和嗉囊黏膜覆盖有鳞片状的干酪样假膜，假膜难以剥离，有酸臭味，撕去假膜则露出出血性溃疡灶，腺胃黏膜肿胀、出血，气囊混浊，气管出血、有浓稠黏液

预防措施

目前尚无特效药物，也无疫苗供免疫预防之用。因早期感染后的鸽往往成为无症状的病毒携带者和排毒者，依靠定期检疫、隔离或扑杀阳性鸽是比较理想的防治措施。加强种鸽场的检疫工作，不从污染场引种；做好平时的饲养管理工作，加强消毒工作，保证空气质量；减少应激，提供优质、全价的饲料，保证营养需要，提高自身抵抗力。

国外试验接种油乳剂灭活疫苗和弱毒疫苗，结果发现，免疫接种有助于防止自发性排毒、减少阳性感染鸽早期的排毒、缓解临床症状，因而有助于控制病毒的扩散。

治疗方法

一旦发病，给予抗病毒、抗菌治疗。可选择使用一些中成药和生物制剂等抗病毒药物，如双黄连口服液、黄芪多糖和干扰素等；同时在饲料或饮水中添加泰乐菌素、红霉素等广谱抗生素。及时采取以上应对措施可取得不错的疗效。

四、鸽痘

鸽痘是由痘病毒科禽痘病毒属的鸽痘病毒引起的一种接触性传染病，又称传染性皮瘤、皮肤疱、禽白喉等，它有宿主特异性，只对鸽致病，也是鸽的一种较常见病毒病，不同品种、不同龄期的鸽都能被感染，但以幼鸽较常见，对幼鸽的危害也最大。乳鸽发病后采食量下降，常出现生长不良、消瘦或死亡，其体表皮肤的痘痂影响乳鸽胴体品质，造成严重的经济损失。

病原

病原属于痘病毒科，为双股DNA病毒，复式对称，有囊膜，砖形，各痘病毒形态、结构等相似。鸽的痘病毒对宿主有专一性，在自然情况下只有鸽发病，而不使其他家禽发病。

流行特点

　　本病潜伏期一般为4~8天，有明显的季节性，多发生在吸血昆虫生长繁殖的温暖多雨的季节。通过蚊虫叮咬传播，也可通过损伤的皮肤传播。任何日龄的鸽均可感染，主要危害雏鸽、青年鸽，10~90日龄的鸽发病严重，死亡率高。病愈后的鸽能获得终生免疫，但多形成外观次品及幼鸽的生长发育不良。

临床症状

　　按照感染部位可以分为皮肤型、黏膜型、混合型3种病型，其中混合型危害最大。

　　（1）**皮肤型**　主要发生在鸽的无毛或少毛区，以喙角、眼睑、翅下、趾部多见（图2-25），有时也会出现在翅、背、肛门周围的皮肤上。起初呈灰白色麸皮样，后呈灰黄色，以后迅速增大，长至如豌豆大小，凸起形成灰黄色绿豆大小的结节，结节溃烂，表面覆有痂皮，痂皮脱落而痊愈。病程长达3~4周，病情严重的常发生死亡，耐受过的鸽，生长发育受阻。

图2-25　趾部出现痘疹

　　（2）**黏膜型（又称为白喉型）**　主要在口腔黏膜、食道黏膜、眼结膜等部位发生痘疹（图2-26），病鸽初期眼睑眶下窦肿胀发炎，中后期流出白色或脓样黏液，甚至形成干酪样物，进而失明（图2-27）；头黏膜初期有不透明稍凸起的小结节，后期发生纤维素性炎症形成灰白色或黄色的痂膜，不易剥离（图2-28）。严重影响采食和饮水，最后衰竭死亡。

图2-26　病鸽眼结膜发生痘疹

图2-27　病鸽失明

图2-28　病鸽头黏膜形成痂膜

（3）混合型 即鸽子皮肤和口腔、咽喉等部位均发生痘疹。混合型鸽痘大多为皮肤型鸽痘病灶经口角蔓延至口腔、咽喉部所致，病程长、病情重、死亡率高。病鸽常常表现出腹泻、消瘦、慢食、少食、精神较差等症状。耐过鸽的康复期较长，且大多数失去饲养价值。

病理变化 病死鸽的病理变化与临床所见基本相似。痘疹多见于腿、脚、眼睑或靠近喙角基部（图 2-29），口腔黏膜痘疹（图 2-30）有时蔓延到气管、食道和肠道。肝脏、脾脏和肾脏肿大。有时可见肠道黏膜点状出血。

 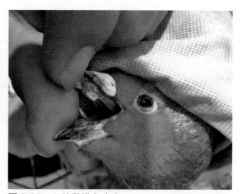

图 2-29　病鸽多处发生痘疹　　　　图 2-30　口腔黏膜有痘疹

诊断 根据流行病学、临床症状和病理变化诊断鸽痘相对容易。在疾病初期，当怀疑为鸽痘时，可以采集样本（如痂皮、有变化的内脏组织）进行实验室诊断。病毒鉴定可采用血清中和试验、琼脂扩散试验、血凝试验、PCR 试验等进行。

类症鉴别

病名	与鸽痘的相似点	与鸽痘的不同点
鸽皮肤型马立克氏病	二者病鸽皮肤上均有结节	鸽皮肤型马立克氏病的病原为细胞结合性疱疹病毒；病鸽皮肤上有黄豆至鸽蛋大的坚实性结节，无水泡，不会自行脱落、结痂，常零星散发在大龄鸽体表
鸽传染性喉气管炎	二者均表现精神萎靡、食欲减退等，均出现呼吸困难、产蛋率下降等症状；剖检可见喉及气管黏膜充血、出血	鸽传染性喉气管炎的病原为传染性喉气管炎病毒；病鸽咳出带血黏液；剖检可见喉头和气管内覆盖一层散在疏松血染渗出物，喉头和气管有黄白色干酪样渗出物、易剥离

病名	与鸽痘的相似点	与鸽痘的不同点
鸽念珠菌病	二者均表现精神萎靡、食欲减退、消瘦、羽毛松乱等；剖检可见口腔黏膜上有干酪样物质，出现假膜	鸽念珠菌病的病原为白色念珠菌；病鸽嗉囊膨大和下垂，内容物充实或有波动感，呕吐物呈豆腐渣状；剖检可见口、咽、食道黏膜增厚，口腔、食道和嗉囊黏膜覆盖有鳞片状的干酪样假膜，假膜难以剥离，有酸臭味，撕去假膜则露出血性溃疡灶，腺胃黏膜肿胀、出血，气囊混浊，气管出血、有浓稠黏液
鸽毛滴虫病	二者均表现精神萎靡、羽毛松乱、食欲减退、消瘦、腹泻等临床症状；剖检口腔、咽部等有干酪样物质，出现假膜	鸽毛滴虫病是由禽毛滴虫引起的，根据侵害部位可分为咽型、泄殖腔型、脐型及内脏型4种表现型；泄殖腔型病鸽的泄殖腔狭窄、排泄困难，粪便堆积于泄殖腔，有时粪便带血；脐型病鸽的脐部红肿形成炎症或肿块，有的发育不良会变成僵鸽。剖检可见黄白色假膜，容易做无血分离，且剥离后不留痕迹；泄殖腔型病鸽的小肠轻度充血、肿胀，内容物呈黄色糊状，直肠和泄殖腔内黄色结节难以剥离；脐型病鸽的脐部肿块切开有干酪样病变或溃疡型病变；内脏型病鸽的肝脏出现黄色圆形病灶，肠道鼓气、黏膜增厚。如做湿片镜检，可看到活动的小虫体
鸽恙螨病	二者均表现羽毛松乱、消瘦等，体表出现小结节	鸽恙螨病主要是由新棒恙螨的幼虫寄生在鸽体表皮肤引起的；病鸽皮肤表面结节为粉红色痘状凸起、中间凹陷的脐状病灶，中央有一红点，挑出红点，可见鸽恙螨迅速爬行
鸽维生素A缺乏症	二者均表现精神萎靡、羽毛松乱等，眼睑有乳白色干酪样物，可引起视力障碍及失明，咽喉、口腔黏膜等可见小凸起	鸽维生素A缺乏症主要是由于缺乏维生素A引起的；病鸽主要表现为眼炎，眼结膜炎，眼球干涸、皱缩，眼干燥；母鸽产蛋率下降，胚胎死亡率高，幼鸽缺乏维生素A可引起生长发育缓慢，严重时死亡；黏膜上的凸起为灰白色小脓包，约米粒大小；剖检可见内脏尿酸盐沉积；若能及时补喂维生素A，症状可消失
鸽泛酸缺乏症	二者均表现精神萎靡、羽毛松乱等，眼睑、喙角及脚的皮肤上有小结节，眼分泌物增多、眼睑粘连；剖检可见肝脏肿大	鸽泛酸缺乏症是由于缺乏泛酸引起的；病鸽的眼睑、喙角及脚的皮肤上的小结节为颗粒样物，脚趾、脚底脱皮，羽毛易断、脱落，常有长骨短粗

（1）**接种疫苗** 接种疫苗是预防鸽痘最有效的方法。目前常用的弱毒疫苗可通过毛囊涂抹、滴鼻或翅内侧刺种的方法进行接种。幼鸽在 3 周龄以上接种，接种 5~10 天后检查接种部位是否出痘，充分发痘才算有效，接种 2~3 周后可产生较强的免疫力，免疫期约为 5 个月，有时 9 个月后仍能抵御鸽痘病毒强毒的攻击。曾发生鸽痘的鸽场应及时接种疫苗，特别是在流行季节，越早越好，最好于出壳当天即进行疫苗接种。接种后，连续补充电解质或维生素 2 天，并减少训练。种鸽在春、秋季节各接种 1 次疫苗，肉鸽实行季节性预防接种。

（2）**加强饲养管理** 驱除外来野鸽，保持环境卫生、干燥；定期进行鸽舍和用具清洗、消毒，常用的消毒液有百毒杀（癸甲溴铵）和氢氧化钠，每周消毒 3 次。及时清理积水，定期用低毒高效杀虫剂，如杀飞克、拜虫杀等带鸽喷洒，以消灭鸽体外寄生虫。及时安装窗纱，防止蚊虫进入鸽舍；在鸽痘流行季节，在鸽舍内点上蚊香，或可在鸽舍周围种植具有驱蚊效果的植物，如驱蚊草、夜来香、茉莉花、薄荷等。及时修理笼具，使鸽笼光滑无刺；保持合理的饲养密度，最好小群饲养，避免啄癖及外伤。没有销售完的鸽不再放回鸽笼，应单独隔离饲养并优先出售。

当发现第 1 例病鸽时，应迅速采取措施，比如对健康鸽快速接种疫苗（注意疫苗对已发病或已感染但处于潜伏期的鸽无效）；立即隔离病鸽，对环境、用具等进行严格消毒，同时全群带鸽消毒。病情较轻者因逐渐产生抗体而自愈，且终身免疫，所以轻症者不用处理，任其自行康复。当鸽痘影响鸽呼吸和进食时，用消毒过的手术刀、镊子或剪刀小心将痘痂剔除，在创口上涂抹碘酊或甲紫，未成熟的痘疹可以用烙铁烧烙。

目前尚未研发出治疗鸽痘的特效药物，一般只进行对症治疗，以减轻症状和预防继发感染。

方一：将甲壳素溶于醋酸水中涂抹创面，用 0.04% 多西环素拌料或饮水，在保健砂和饮水中添加维生素 A。

方二：用加味升麻葛根汤进行治疗，将升麻 40 克、葛根 30 克、芍药 60 克、炙甘草 30 克、龙胆草 40 克、板蓝根 30 克、金银花 30 克、野菊花 30 克研制成粉，拌料，每天每只 1.5 克，或水煎后加入水中让鸽自由饮用，同时在保健砂和饮水中添加电解多维、鱼肝油，以增强鸽的抵抗力，保护皮肤和促进伤口愈合。

五、鸽腺病毒感染

鸽腺病毒存在于鸽眼、呼吸道和上消化道的黏膜内，平时呈隐性感染，一般很少将腺病毒当作原发性病原体，常见于其他疾病的并发症（如混合感染鸽大肠杆菌病等），也可见于有免疫缺陷或免疫抑制的鸽群（如黄曲霉菌毒素中毒）。鸽腺病毒感染不仅有急性嗉囊炎和肠炎的病型，有时也会出现鸽包涵体性肝炎或鸽支气管炎的病型。

病原

腺病毒科分为哺乳动物腺病毒和禽腺病毒两个属。鸽腺病毒是禽腺病毒的一员。目前将禽腺病毒分为 3 个群。禽腺病毒 Ⅰ 群来自鸡、火鸡、鹅和鸽等禽类，具有共同的群特异抗原。通过对细胞培养物的生长情况及其核酸特性的比较和分析，发现禽腺病毒 Ⅰ 群至少有 12 个血清型，但目前在病鸽身上只分离到第 8 型腺病毒。Ⅱ 群包括火鸡出血性肠炎、大理石脾病和鸡脾肿大症的病毒，这些病毒在形态和化学组成上与 Ⅰ 群相似。Ⅲ 群是与产蛋综合征有关的病毒及来自鸭的相关病毒。在自然界中，腺病毒的抵抗力较强，对热的抵抗力相对强，在室温下可保持活性达 6 个月之久，在 4℃可存活 70 天，50℃存活 10~20 分钟，56℃存活 5 分钟。抗酸，可耐受 pH 为 3~9，故能通过胃肠道而不被杀灭，仍保持其活性。由于没有脂质囊膜，对脂溶剂，如乙醚、氯仿、胰蛋白酶等具有抵抗力。0.1% 甲醛和 0.1% 聚维酮碘是有效的消毒剂。

流行特点

腺病毒可保持潜伏感染，从健康鸽肠道内也常常可以检测出非病原性腺病毒。病鸽呼吸道的分泌物、呕吐物带有大量腺病毒，会污染空气、水源、饲料等，致使腺病毒在环境中广泛存在，散布于粪便、巢盆、鸽笼、饲料和用具等处，其中在粪便中病毒滴度最高，很容易水平传播。直接接触粪便是主要传播方式，空气、人员和用具等也可水平传播。另外，垂直传播也是非常重要的途径，腺病毒可通过种蛋传播。

本病一年四季都会感染发病，但有一定的季节性，即每年的 2~7 月是主要的流行期，尤其好发于春夏冷热交替时节。本病发生快，传播迅速，发病率高达 100%；死亡率比较低，一般只有 2%~3%。

临床症状

鸽腺病毒感染是全身感染疾病，临床症状不典型，没有特征性病变。潜伏期为 3~5 天。病鸽感染后 3~4 天的死亡率最高，但也有维持 2~4 周以上的病鸽，只出现下痢现象。

　　患有Ⅰ型腺病毒感染的症状：精神沉郁，羽毛松乱（图2-31）、翅膀下垂，呆立，体温升高，呕吐饲料（图2-32），粪便大多呈浅黄色或黄绿色水样（图2-33），机体迅速消瘦，体重减轻，常伴发大肠杆菌病。Ⅱ型腺病毒感染的主要表现为无明显症状的突然死亡，很少出现腹泻、呕吐、粪便稀黄，一般不继发大肠杆菌病。

图2-31　病鸽羽毛松乱

图2-32　病鸽呕吐饲料

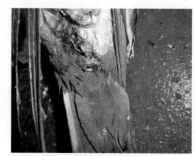
图2-33　排黄绿色水样粪便

病理变化

　　Ⅰ型腺病毒感染会导致肌肉发绀，肝脏轻微肿大，腺胃乳头水肿或出血（图2-34），肌胃出血（图2-35），整个肠道黏膜肿胀出血或充血（图2-36），肾脏肿胀（图2-37），输尿管内有尿酸盐沉积，脾脏、胰腺萎缩。Ⅱ型腺病毒感染主要是肝脏出现病变，肝脏肿大，颜色变黄或苍白，肝脏表面有灶性或弥漫性坏死（图2-38）。

图2-34　腺胃乳头出血

图2-35　病鸽肌胃出血

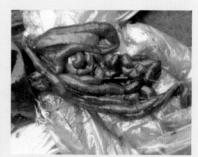
图2-36　肠道严重充血

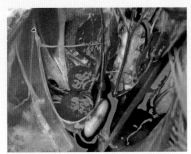

图 2-37　病鸽肾脏肿胀　　　　　图 2-38　肝脏肿大，呈弥漫性坏死

诊断

本病的诊断比较困难，没有特征性临床症状和病变，且本病的真正发病原因目前尚不清楚。通过流行病学调查和临床症状观察，在使用抗生素或磺胺类药物治疗后效果不好或没有明显改善时，可初步怀疑是腺病毒感染。腺病毒感染的确诊，可从上消化道、上呼吸道、粪便，以及病变肝脏、胰腺、肾脏、咽部采样，采用鸽肾脏或肝脏细胞进行病毒分离，通常还要结合组织病理学方法，检查被感染鸽的肝脏细胞坏死情况，以及肠细胞或肝脏细胞内是否含有包涵体等。双向琼脂扩散、间接免疫荧光试验、酶联免疫吸附试验等血清学检测也有利于诊断，关键是应选用尽可能明确区别的标准抗血清。腺病毒感染具有传染性，传播很快，数天后鸽棚内的鸽可能会全群感染，发病率通常达100%。普通嗉囊炎往往单个发病，两者较易区分。

预防措施

腺病毒往往呈隐性感染，只有受应激等因素造成免疫力下降时才会致病，故只要加强日常饲养管理，满足鸽的营养需要，做好卫生消毒工作，定期驱虫，减少各种应激，提高自身抵抗力，即可降低受感染的概率。

目前，国内暂时没有商业化鸽专用腺病毒疫苗。根据目前的知识，尚不能确定腺病毒在疾病中的原发作用，因此没有用疫苗进行免疫的必要。据国外研究报道，鸡产蛋下降综合征油乳剂灭活疫苗对鸽腺病毒感染有一定的交叉保护作用。

治疗方法

发生鸽腺病毒感染后，首先对病鸽立即停止喂料，嗉囊肿胀严重的，可使用0.1%聚维酮碘溶液或0.01%高锰酸钾溶液冲洗嗉囊，并提供电解多维饮水、适时喂服维生素C水溶液，以防止败血和组织坏死；喂服药物以促进胃蠕动，加强排空，待嗉囊内留存食物消化排空后再少量、多次喂料。其次，及时采取抗病毒治疗，以控制毒血症。

业内已证明，穿心莲具有抗菌和抗病毒功效，能清热解毒、凉血消肿，对治疗腺病毒感染有不错的效果。对症状轻者、群体可口服用药，严重的可注射穿心莲注射液。选择一些治疗肠炎的抗生素如黄连素（小檗碱）、诺氟沙星、卡那霉素、氟苯尼考等，最后，饲喂微生态制剂，以重建肠道菌群平衡。

六、鸽圆环病毒感染

鸽圆环病毒感染是 20 世纪 90 年代初发现的一种新的主要影响青年鸽的接触性传染病。主要表现食欲下降、精神萎靡、羽毛凌乱、呕吐腹泻、嗉囊积液等临床症状。本病是一种免疫抑制性疾病，因其经常合并、继发，从而加重其他病毒性疾病、细菌性疾病和真菌性疾病的感染严重程度，致使鸽生病或死亡，给养鸽效益带来损失。

病原 圆环病毒是已知动物病毒中最小的一种无囊膜、单股负链环状 DNA 病毒。鸽圆环病毒常潜伏感染，往往侵袭淋巴器官，引起免疫力下降，导致鸽对多种条件性病原二次感染的易感性增加。鸽圆环病毒对外界抵抗力较强。对乙醚、氯仿不敏感，用丙酮处理 24 小时仍有活性，在酸性条件下（pH 为 3.0）作用 3 小时仍然稳定。56℃或 70℃加热 1 小时仍有感染力，80℃加热 15 分钟仍有感染力，80℃加热 30 分钟使本病毒部分失活，100℃加热 15 分钟完全失活。在 50% 苯酚中作用 5 分钟、在 5% 次氯酸中（37℃）作用 2 小时本病毒失去感染力。本病毒对福尔马林和含氯制剂敏感，可选其用于消毒。

流行特点 本病主要通过带毒鸽、鸟、被污染的用具、笼舍及人员相互接触而水平传播，感染鸽的粪便中存在圆环病毒，可以通过饲料饮水摄入或呼吸道吸入而发生间接感染。以前认为圆环病毒不会经蛋（卵）传染给雏鸽，但事实是本病毒存在经蛋垂直传播的可能性。

鸽圆环病毒主要感染 2~12 月龄青年鸽，乳鸽因从亲鸽乳中获得相应抗体而不会发病。病鸽感染初期主要出现消化道症状，之后出现呼吸道症状。本病潜伏期一般为 8~14 天，发病 1~2 周病鸽相继死亡，发病 3~4 周出现死亡高峰。这可能受多种因素影响，不仅与圆环病毒毒力、感染年龄有关，还与病毒引起的免疫抑制病而继发其他病毒、细菌、真菌、寄生虫等病原感染有关。继发感染通常是造成死亡的直接原因。

病鸽通常表现为精神沉郁、缩颈、嗜睡、衰弱、食欲减退、厌食、呼吸困难、水样腹泻、飞行能力下降等（图2-39）。其特征性症状是贫血，眼砂变浅（图2-40），喙、口咽黏膜颜色由红急转为苍白（图2-41）。有时也会出现翅膀、尾部和身体上羽毛渐行性营养不良、脱落、喙变形等（图2-42）。

图 2-39　病鸽缩颈、衰弱

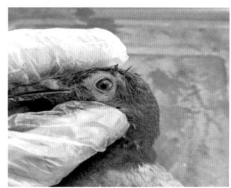

图 2-40　眼砂变浅

图 2-41　口咽黏膜颜色由红急转为苍白

图 2-42　营养不良

眼砂明显褪色、苍白，黄眼的眼砂变成暗绿色（图2-43）。主要损害体内的免疫器官——胸腺和法氏囊。一般胸腺、法氏囊出现坏死、萎缩（图2-44），呈深红褐色退化，严重时因萎缩而消失，使免疫功能受到抑制。肝脏、肾脏肿大、变黄、质脆（图2-45）。胃肠道和肌肉由于贫血而表现得极为苍白，还伴有点状出血（图2-46）。

图 2-43　黄眼变成暗绿色

图 2-44　胸腺坏死、萎缩

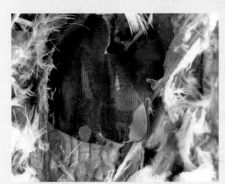

图 2-45　肝脏质脆

图 2-46　胃肠道极为苍白

诊断　鸽圆环病毒感染可通过以往病史和贫血症状做出初步判断。剖检可见法氏囊萎缩，这是一个重要的诊断指标。鸽圆环病毒感染主要发生在幼鸽群中，如果鸽发生圆环病毒与细菌、病毒、真菌及寄生虫同时感染，会使原本症状典型的疾病变得更加复杂化，给疾病的早期诊断制造不少障碍，需要注意鉴别。

目前还不能通过病毒分离或血清学方法来诊断鸽圆环病毒感染，本病的确诊需要根据病理组织学和电镜检查，在中枢淋巴组织和外周淋巴组织的单核细胞及法氏囊的滤泡上皮中检出特征性"葡萄串状"包涵体有助于本病的准确诊断。另外，聚合酶链式反应和核酸探针技术也是检测圆环病毒的有效方法。

病名	与鸽圆环病毒感染的相似点	与鸽圆环病毒感染的不同点
鸽腺病毒感染	二者均表现精神萎靡、羽毛松乱、消瘦、水样腹泻等；剖检可见肝脏、肾脏肿大，胃肠道出血	腺病毒感染常见于其他疾病的并发症（如混合感染鸽大肠杆菌病等），也可见于有免疫缺陷或免疫抑制的鸽群（如黄曲霉毒素中毒），主要侵害小至 10 日龄的乳鸽、大至 6 岁的成年鸽，发病往往表现急性嗉囊炎、嗉囊积食；按照病原不同常见 I 型腺病毒感染和 II 型腺病毒感染；I 型腺病毒感染病鸽体温升高、呕吐，II 型腺病毒感染主要表现为无症状突然死亡。I 型腺病毒感染剖检可见肌肉发绀，腺胃乳头水肿或出血，输尿管内有尿酸盐沉积，脾脏、胰脏萎缩，II 型腺病毒感染剖检可见肝脏颜色苍白，表面有灶性或弥漫性坏死

预防措施

（1）做好预防工作　本病尚无特效治疗药物，也无商品化疫苗。主要是平时做好预防工作，建立生物安全体系，做好疾病综合防治措施的落实；加强饲养管理，减少应激，提高机体的抵抗力；定期消毒，有效地控制圆环病毒传入。

（2）做好免疫监控　由于鸽圆环病毒可能干扰鸽新城疫疫苗等的免疫效果，因而在本病流行期间不宜进行疫苗免疫接种，尤其是鸽新城疫疫苗的接种工作。为了了解接种疫苗是否受到鸽圆环病毒的干扰，在疫苗接种后应进行抗体监测，做好免疫接种反应、免疫接种效果的监控工作。

治疗方法

鸽圆环病毒感染损害机体的重要免疫器官——法氏囊和胸腺，一旦确认感染鸽圆环病毒，需要进行免疫功能的修复。尽早使用抗病毒药和抗生素，控制继发感染，减少死亡率和淘汰率。目前临床上采用黄芪多糖、双黄连等中成药来治疗本病，也可以选用黄芩、板蓝根、白头翁、茜草、大青叶、麻黄、半夏、连翘、黄连、金银花等中草药复方制剂。在饮水或饲料中添加广谱抗生素，如红霉素、泰乐菌素、卡那霉素、氟苯尼考等，以防细菌性继发感染。

七、鸽轮状病毒感染

轮状病毒于 1977 年首次被报道，此后，许多国家从鸡、鸭、火鸡、鸽中检测到抗体，并从这些禽类粪便中分离和检测到轮状病毒。禽轮状病毒感染呈世界性分布。现已确定，轮状病毒是引起多种禽类（包括鸽在内）肠炎和下痢的一个主要病因，对养殖经济效益影响非常大。轮状病毒可从禽类传播到哺乳动物，或反过来从哺乳动物传播到禽类，具有公共卫生意义。鸽轮状病毒感染以腹泻、脱水和泄殖腔炎为特征。

病原

轮状病毒属于呼肠孤病毒科、轮状病毒属，由 11 个双股 RNA 片段组成，有双层衣壳，因像车轮而得名。按抗原可以分为 A、B、C、D、E、F 6 个群，D 群宿主多为鸡、鸽，轮状病毒很难在细胞中培养生长增殖，有的即使增殖也不产生细胞病变，其他各群又称非典型轮状病毒。可通过鸡胚卵黄囊接种途径分离本病毒，本病毒也可在鸡胚肾细胞、鸡胚肝细胞上生长。与在雏鸡肾细胞上培养情况相比，鸽轮状病毒在牛肾细胞上培养时其病毒滴度更高。轮状病毒在细胞培养物中连续传代通常需要对病毒接种物进行胰酶处理，大多数病毒分离物在初代分离时并不产生细胞病变，在出现可见的细胞致病作用之前需要在细胞培养物中连传数代。

鸽轮状病毒对理化因素有较强的抵抗力，而在有镁离子存在的情况下，56℃处理 30 分钟能使其感染性下降 100 倍。

流行特点

本病传播迅速，多发生在晚秋、冬季、早春季节，应激因素特别是寒冷、潮湿、不良的卫生条件、喂不全价的饲料和其他疾病的袭击等对疾病的严重程度和死亡率均有很大影响。鸽、火鸡、鸡、珍珠鸡、鸭及伴侣鸟都能自然感染。任何年龄的禽都易感，其中以 6 周龄内的幼鸽最易感，发病后临床症状也更为严重。病鸽和带毒鸽随粪便排毒，从而污染环境、用具、鸽舍、饲料和饮水，以直接接触或间接接触的途径水平传播。

临床症状

本病潜伏期短，病鸽精神沉郁，食欲减退或废绝，消化功能紊乱，腹泻（图 2-47），粪便呈水样，体重减轻，机体脱水。体表有粪污（图 2-48），跗部发炎并黏附粪便。

病理变化

病变主要限于消化道，小肠肠壁变薄，半透明内容物呈液状、灰黄色或灰黑色，有的小肠广泛出血或肠道出现臌气（图 2-49）。另外，机体脱水（图 2-50），泄殖腔发炎，肌胃内有羽毛等异物。

诊断

诊断鸽轮状病毒感染的经典方法是用电子显微镜直接观察和鉴定粪便或肠内容物中的病毒。A 群轮状病毒还可用细胞培养的方法进行病毒分离。因禽类中普遍存在轮

图 2-47　病鸽精神沉郁，腹泻

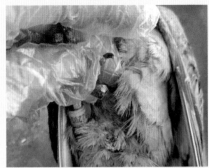
图 2-48　体表有粪污

图 2-49　肠道出现臌气

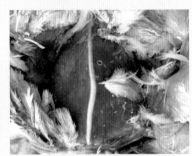
图 2-50　机体脱水

状病毒抗体，故不采用血清学的方法来诊断，但可根据肠的充气、充液变化及水样腹泻，做出假定性诊断。

<table>
<tr><td rowspan="6">类症
鉴别</td></tr>
</table>

病名	与鸽轮状病毒感染的相似点	与鸽轮状病毒感染的不同点
鸽大肠杆菌病	二者均表现精神沉郁，食欲减退或废绝，消化功能紊乱，腹泻，粪便呈水样，体重减轻；并均有小肠肠壁变薄，有的小肠广泛出血等剖检病变	鸽大肠杆菌病腹泻严重，拉土黄色稀粪，恶臭，呼吸困难，剖检以肺部和气囊感染为主，肺有肉芽肿结节，有气囊炎、心包炎、肝周炎、卵黄性腹膜炎等病变，肠道有臌气、充盈，肠道变薄，肠黏膜充血、出血，肠黏膜易脱落
鸽新城疫	二者均表现食欲减退，粪便呈水样，机体明显脱水，羽毛尤其肛周及后腹区羽毛常粘有黄绿色或污绿色稀粪；并均有小肠广泛出血等剖检病变	鸽新城疫以排黄绿色稀粪和出现神经症状为主，传播快，发病率和死亡率较高，出现扭头歪颈等神经症状的很多；剖检可见腺胃乳头和肌胃出血等特征性病变，肠道有出血和纽扣样溃疡

病名	与鸽轮状病毒感染的相似点	与鸽轮状病毒感染的不同点
鸽球虫病	二者均表现精神委顿，消化不良，并有恶臭味的水样稀粪，泄殖腔口附近羽毛不干净；并均有小肠黏膜充血等剖检病变	鸽球虫病在成年鸽中一般发病较轻，对幼鸽危害严重，发病率和死亡率较高；临床症状是排褐色糊状类便，有的排血便，贫血症状明显；病变主要在小肠后段，肠管膨大、增厚或变薄，肠内容物稀薄、呈黄红色或褐色，肠黏膜出血、呈糠麸样
急性中毒病	二者均表现精神沉郁，食欲或饮欲废绝，腹泻	急性中毒病往往发病快、发病急，呈群发性，除腹泻外，死亡率较高，能寻找到病因（如有机磷农药中毒、药物中毒、黄曲霉毒素中毒），并有相应的特征性中毒症状

预防措施

目前尚未研制出防治鸽轮状病毒感染的疫苗。据称，用分离毒株经鸡胚增殖后的病毒液制成灭活疫苗，可用于预防本病。目前对本病的预防主要靠平时加强饲养管理和消毒，保持鸽舍良好的通风和适宜的温度和湿度，要勤换鸽巢垫料、垫布，严格消毒，及时清除鸽粪并进行病死鸽及其废弃物无害化处理，以尽量减少病原的污染和扩散，减少甚至消除可能引起鸽腹泻的各种因素。

治疗方法

治疗尚无特效药。供应生理盐水以防止脱水，并给予抗病毒药和抗菌药治疗。在饮水中添加中成药或生物制剂等抗病毒药，如双黄连、黄芪多糖和干扰素等，同时在饮水中加氧氟沙星、氟苯尼考等治疗肠炎的广谱抗生素，并喂服微生态制剂协助肠道菌群平衡，以减少死亡率，促进康复。

第三章

鸽细菌、支原体、衣原体和真菌性传染病

一、鸽沙门菌病

鸽沙门菌病又名鸽副伤寒，曾称眩晕病；乳鸽患病俗称黑肚皮病。本病是由带鞭毛、能运动的沙门菌引起的急性或慢性传染病，易引起雏鸽急性发病，造成大批死亡，尤其出壳后 14 周内死亡率最高，成年鸽多为隐性感染，不表现明显的临床症状或者病变局限于卵巢和睾丸。本病呈世界性分布，给养鸽业造成较为严重的经济损失。

病原　目前发现有 6~7 种不同血清型的沙门菌能引起鸽沙门菌病。其中以鼠伤寒沙门菌哥本哈根变种最为常见，其他有肠炎沙门菌、海德堡沙门菌等，均隶属肠杆菌科沙门菌属。沙门菌为革兰阴性菌，多血清型，两端钝圆、呈杆状，易被普通染色剂（如亚甲蓝或苯酚）染色，兼性厌氧菌。不形成芽孢，有鞭毛，能运动。琼脂培养基上呈现圆形且边缘平滑、稍隆起且发光菌落。

沙门菌能在环境中存活和增殖是本病传播的主要原因。本菌的抵抗力通常不强，对热和大多数消毒剂很敏感，但对干燥、腐败、日光具有一定抵抗力，能在饲料和灰尘中存活较长时间，且温度越低存活的时间越长。

鸽沙门菌病在自然条件下主要侵害鸽，具有宿主特异性，发生于其他动物时都直接或间接与鸽有关。雏鸽发病往往呈急性或亚急性，成年鸽则呈慢性经过或隐性感染。新建鸽场一旦发生，往往呈暴发性，传染快；老鸽场只是间断地出现病例，呈散发性。本菌为条件性致病菌，当鸽的抵抗力降低、环境中应激因素增强或增多时就会引起发病和流行。另外，长途运输、雏鸽转入青年鸽舍、营养不足等往往促进本病的流行。

本病的传染源主要是病鸽和病愈鸽，主要通过消化道（如食入被沙门菌污染的饮水、饲料、保健砂等）和呼吸道（如吸入带菌飞沫、尘粒等）进行水平传播，也通过种蛋进行水平和垂直传播。病愈鸽生长往往受阻，更严重的是常成为长期带菌者，不时向外排菌，散布病原菌。本病四季均可发生，死亡率和造成的经济损失与种鸽场的净化程度、鸽群饲养管理水平及防治措施是否得当有密切关系。

突然发病，体温升高，精神沉郁，食欲减退，饮水增加，羽毛松乱，缩颈（图3-1），尾下垂，离群呆立，呼吸加快。排黄绿色或绿色稀便（图3-2），甚至水样粪便，粪中带有小气泡。发病早期可见有瘫痪或神经症状病例，主要表现为病鸽低头、偏头歪颈或头向后仰、转圈等（图3-3）。有的病鸽出现关节肿胀（图3-4），蹲伏卧地。雏鸽泄殖腔周围粘有白色的粪便。

图3-1　羽毛松乱，缩颈

图3-2　排绿色稀便

图 3-3　病鸽偏头歪颈

图 3-4　病鸽关节肿胀

病理变化　　肝脏肿大、出血呈斑驳样、棕黄色稍带绿色，有的肝脏表面多见针尖至芝麻大的灰白色或黄白色病灶（图 3-5）；脾脏肿大（图 3-6），并有针尖大小的坏死点；肠道肿胀（图 3-7），以小肠最为明显，有不同程度的出血点或灰黄色病灶；盲肠肿大，内有干酪样物的栓塞；肺有大量粟粒大小的坏死结节；心脏有白色结节（图 3-8）；肾脏肿胀（图 3-9），输尿管内有白色的尿酸盐沉积（图 3-10）。雏鸽的卵黄出现吸收不良（图 3-11）；成年母鸽卵巢出现萎缩，卵泡变形、变性（图 3-12），外观呈污绿色。

图 3-5　肝脏有黄白色病灶

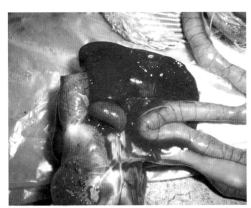

图 3-6　脾脏肿大

图 3-7　肠道肿胀

图 3-8　心脏有白色结节

图 3-9　肾脏肿胀

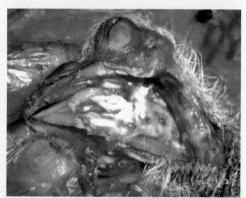

图 3-10　输尿管内有白色的尿酸盐沉积

图 3-11　卵黄吸收不良

图 3-12　卵泡变形、变性

诊断

根据临床症状、剖检病变，结合流行病学调查可做出初步诊断。确诊必须进行沙门菌的分离和鉴定。

类症鉴别

病名	与鸽沙门菌病的相似点	与鸽沙门菌病的不同点
鸽新城疫	二者均表现体温升高，神疲羽松，食欲减退，饮欲增加，闭目呆立，排黄绿色甚至水样粪便，可见神经症状病例，主要表现为头颈扭曲，因为不同原因出现蹲伏或侧卧；并均有肝脏肿大、斑状出血，小肠黏膜不同程度的出血等剖检病变	鸽新城疫以排黄绿色稀粪和出现扭头神经症状为主，发病急、传播快，发病率和死亡率都非常高，使用抗生素后无明显改善；剖检可见腺胃乳头、肌胃、肠道出血等特征性病变
鸽大肠杆菌病	二者均表现精神沉郁，食欲减退或废绝，体温升高，羽毛松乱，排黄绿色或水样粪便；并均有肝脏肿大，肠道黏膜不同程度的出血，肾脏肿大等剖检病变	鸽大肠杆菌病腹泻严重，排黄绿色稀粪、恶臭，呼吸困难；剖检以肺部和气囊感染为主，肺有肉芽肿结节，有气囊炎、心包炎、肝周炎、卵黄性腹膜炎等病变
鸽曲霉菌病	二者均表现呼吸困难，腹泻，食欲减退、饮水增加，可见神经症状病例，包括后仰、角弓反张；并均有肺结节等剖检病变	鸽曲霉菌病临床上以呼吸困难为主，剖检以肺、气囊出现霉菌结节为特征病变；取肺或肝脏结节压片镜检可见霉菌的菌丝，并有接触霉垫料或食入霉变饲料史

预防措施

（1）**加强饲养管理，消除本病诱因**　鸽场的布局要合理，每栋栏舍之间的距离符合防疫要求，鸽舍要保持良好的通风采光。保证供应清洁的饮水和无霉变的饲料。注意鸽舍昼夜温差，避免忽高忽低；同时注意养殖密度，避免扎堆拥挤；加强舍内通风，保持环境干燥，减少有毒气体的危害。做好养鸽场及周边蚊虫、鼠害等的清除和预防工作，避免病原菌的交叉感染及吸血型昆虫导致的沙门菌传播。合理全面搭配保健砂，提高胃肠蠕动、吸附肠道有害气体和杀灭肠道病原微生物，提高机体抗病能力。

（2）**进行严格消毒**

①养殖场内环境消毒：对养殖场内外、周边可用氢氧化钠或生石灰进行消毒。门口设置消毒池对进入养殖场的车辆严格消毒，设置消毒室对出入养殖场的工作人员严格消毒。

②养殖栏舍消毒：栏舍内先进行机械清扫，将地上散落的饲料、粪便、灰尘等集中消毒。然后对空的栏舍可以用甲醛、高锰酸钾进行熏蒸消毒，对有鸽的栏舍可以用过氧乙酸带鸽消毒。

③孵化场消毒：因为垂直传播是本病重要的传播途径，孵化器及其他设备、孵化场、育雏室等使用前后均要进行严格消毒，可用甲醛、高锰酸钾进行熏蒸消毒。

④种蛋消毒：种蛋经泄殖腔排出体外，已受细菌污染，收集后可集中用甲醛、高锰酸钾进行熏蒸消毒，也可用百毒杀（癸甲溴铵）喷洒消毒，臭氧灯照射消毒，放入孵化器时可以用季铵盐类消毒药擦拭消毒。

（3）坚持自繁自养，避免从外场引进病原菌　如需引种要做好引种地的疫情调查，做好检测，购入后先隔离饲养1~2周，确认鸽群健康才可以进入生产区域或是混群饲养。隔离过程中如出现病鸽，迅速将其淘汰，并对全群紧急投药预防，并做好消毒工作，避免疫情扩散。

（4）坚持疫病净化　沙门菌不仅可以水平传播，更重要的是垂直传播，目前无特效根治药物，治疗或耐过后长期排菌，成为传染源，对养鸽业危害极大。利用检测手段定期对全群进行感染筛查，淘汰阳性带菌鸽，坚持疫病净化，随时掌控鸽群健康状况，逐步建立无病原菌鸽群。

治疗方法

大多数抗生素对本病有良好的治疗效果。用药量和投药途径，可根据病情轻重而定。在鸽群病情较轻、食欲正常的情况下，可选用1~2种药物，按治疗量拌料饲喂。土霉素粉按0.1%的比例拌料；多西环素按每千克饲料加100毫克；环丙沙星按每千克饲料加50~100毫克；磺胺二甲嘧啶＋甲氧苄啶（按1:5的比例混合）按0.02%的比例拌料；氟苯尼考按每千克体重25~30毫克拌料，连喂3~5天。此外，还可选用穿心莲、大蒜等中草药及其复方制剂防治，效果也较好。对病情较重、食欲严重减退甚至出现死亡的鸽群，可使用喹诺酮类等抗生素针剂，对鸽群进行肌内注射治疗，每天1次，连用3~4天。

二、鸽大肠杆菌病

鸽大肠杆菌病是指部分或全部由不同血清型致病性大肠杆菌引起的局部或全身性感染的疾病，包括大肠杆菌性败血症、大肠杆菌性肉芽肿、气囊炎、腹膜炎、输卵管炎、脑炎等。本病的特征为表现心包炎、气囊炎、肺炎、肝周炎和败血症等病变。随着我国养鸽业的发展壮大，鸽群的数量和规模不断增加，鸽大肠杆菌病在全国各地不断发生，呈蔓延和扩散之势，并且危害日益严重，已成为鸽重要、常见的细菌性传染病之一，给养鸽业造成较大的危害和经济损失。

鸽大肠杆菌病的病原是大肠杆菌。大肠杆菌在麦康凯培养基上可生长，菌落呈粉红色、湿润、较大，直径可达 2~6 厘米，菌落向培养基内凹陷生长；在伊红 – 亚甲蓝琼脂平板上可生长，菌落较小，呈黑色，带金属光泽。大肠杆菌为革兰阴性、染色均一、两极染色较深、非抗酸性、不形成芽孢、两端钝圆的短小杆菌，有的有荚膜，一般有周鞭毛，大多数菌株具有运动性。大肠杆菌血清型极多，其中 O 抗原是判定其致病力的重要因素。我国已报道的鸽大肠杆菌致病性血清型有 O_1、O_2、O_{78}、O_{88}、O_{139} 等，最常见的血清型有 O_1、O_2 和 O_{78}，与其他家禽基本一致。

本菌对外界环境的抵抗力中等，对物理和化学因素较敏感，55℃ 1 小时或 60℃ 20 分钟可被杀死，120℃高温消毒立即死亡。本菌对福尔马林、苯酚和甲酚等高度敏感，常见消毒剂均能将其杀死。但在有黏液、分泌物及排泄物存在时会大大降低消毒剂的功效。在鸽舍内，大肠杆菌在饮水、粪便和灰尘中可存活数周或数月之久。在阴暗潮湿而温暖的外界环境中存活不超过 1 个月，在寒冷、干燥的环境中存活较长。

大肠杆菌在自然界中分布极广，在鸽舍内外环境、饲料、饮水和鸽体内等均有本菌存在的可能。大肠杆菌是鸽肠道的常在菌，正常鸽肠道内有 10%~15% 大肠杆菌是潜在的致病性血清型，垫料和粪便中可发现大量大肠杆菌。鸽舍尘埃中常藏匿大量大肠杆菌，每克尘埃中的大肠杆菌数量可达 10 万 ~100 万个，并且存活时间很长，尤其在干燥条件下存活时间更长，可达数月之久，不过用水喷洒鸽舍后，可使大肠杆菌数量下降 84%~97%。饲料也易被大肠杆菌污染，但在饲料加热制粒过程中可将其杀死。啮齿动物的粪便中也常含有致病性大肠杆菌，可通过污染水源和饲料而将致病性大肠杆菌引入鸽群。

大肠杆菌是一种条件性病原菌，潮湿、阴暗、通风不良，以及鸽感染鸽新城疫、鸽支原体病等疾病时，常诱发本病。不同季节、不同地区、不同品种、不同日龄的鸽群均可发生本病，但冬末春初和梅雨季节较为多见。如果饲养密度大、空气质量差、场地潮湿阴暗、环境已被严重污染者，则本病随时发生。常见发病率为 5%~30%，发病率因日龄和饲养管理条件不同而异，环境差、日龄小，会使发病率增高。本病主要通过消化道和呼吸道传播，也可通过种蛋垂直传播给下一代，还可经患本病的公鸽交配而水平传播。

（1）**败血症型** 病鸽精神沉郁（图3-13），食欲减退或废绝，体温升高，羽毛松乱，排黄绿色粪便（图3-14）。有时可见突然死亡。嗉囊内充满食物，肌肉丰满。

图3-13 病鸽精神沉郁

图3-14 排黄绿色粪便

（2）**包心包肝型** 病鸽精神沉郁，食欲减退或废绝，羽毛干枯、无光泽（图3-15），或突然发病死亡。

（3）**输卵管炎型** 多见于繁殖母鸽，病鸽精神不振，食欲减退，常出现腹泻，所产的蛋蛋壳质量较差、受精率低（图3-16），严重时出现绝产。

图3-15 病鸽羽毛干枯、无光泽

图3-16 蛋壳质量差

（4）**腹膜炎型** 病鸽精神不振，食欲不佳，常伴有腹泻，生产性能降低，机体消瘦，胸骨凸出如刀，腹部膨大，脚爪干瘪（图3-17）。

（5）**肠炎型** 病鸽精神沉郁，食欲减退，羽毛松乱，腹泻，排黄绿色粪便或呈水样（图3-18），机体迅速消瘦。

图3-17　病鸽脚爪干瘪

图3-18　排黄绿色粪便

（6）**眼型**　病鸽头部轻度肿大，出现单侧或双侧肿胀（图3-19），闭眼流泪，少数呼吸困难，病情轻的出现歪头斜颈症状，腹泻，排黄白色或绿色水样稀便；严重的双目失明，饮水、采食废绝，最后衰竭死亡。

（7）**脐炎型**　在孵化期间感染了大肠杆菌，孵出的幼鸽卵黄吸收不全，大肚子、肚皮发黑或呈青绿色（图3-20），脐带闭合不全，脐孔红肿等。

图3-19　头部肿胀

图3-20　雏鸽大肚子且发黑

病理变化

（1）**败血症型**　剖检肝脏肿大、呈暗红色（图3-21），心包膜混浊、积有浅黄色的液体，心肌松软，肠道肿胀、肠道黏膜充血或出血（图3-22），肾脏肿大。

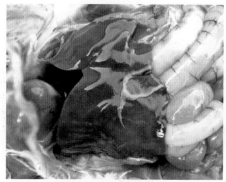

图 3-21　肝脏肿大、呈暗红色

图 3-22　肠道肿胀

（2）包心包肝型　肝脏上附着大量黄白色的纤维素性渗出物（图 3-23）；心脏呈纤维素性心包炎病变（图 3-24），心包明显增厚，不透明，包膜上的纤维素呈绒毛状；心室扩张，心壁变薄，质地柔软，心室内有大量积血。

图 3-23　肝脏有纤维素性渗出物

图 3-24　心脏呈纤维素性心包炎病变

（3）输卵管炎型　输卵管变粗，输卵管黏膜水肿，输卵管内蓄积黄白色干酪样渗出物（图 3-25），输卵管质地变差。

（4）腹膜炎型　肌肉发绀，打开胸腹腔可闻到一股臭味，并且有大量干酪样渗出物（图 3-26）。

（5）肠炎型　剖检发现肠道臌气（图 3-27），肠道黏膜水肿，肠壁变薄，肠黏膜充血或出血。

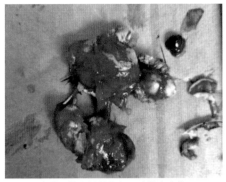
图 3-25 输卵管内的黄白色干酪样渗出物

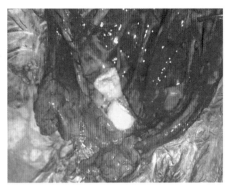
图 3-26 腹腔有干酪样渗出物

（6）眼型 病鸽消瘦。切开眼部，发现含有豆腐渣样块状物，眼球外层覆盖一层混浊的浅白色薄膜（图 3-28），肠道黏膜充血、出血、瘀血，肝脏、脾脏肿大。

图 3-27 肠道臌气

图 3-28 眼球外层覆盖一层混浊的浅白色薄膜

（7）脐炎型 剖检卵黄囊壁充血或出血，卵黄内容物发绿、黏稠或稀薄（图 3-29）。

诊断

本病根据临床症状和剖检病变可做出初步诊断，确诊需要对大肠杆菌进行分离和鉴定。将病料或营养液分离菌在麦康凯琼脂、伊红-亚甲蓝琼脂等鉴别培养基上划线培养，若在麦康凯琼脂上出现亮红色菌落，并向培养基内凹陷生长，出现特征性黑色，并有金属闪光，即

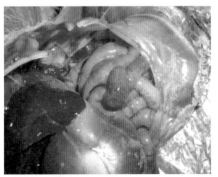
图 3-29 卵黄内容物发绿

可初步判断分离菌为大肠杆菌，再通过革兰染色镜检和生化特性试验可准确鉴定。

类症鉴别

病名	与鸽大肠杆菌病的相似点	与鸽大肠杆菌病的不同点
鸽曲霉菌病	二者均表现腹泻、厌食、精神不振、少数呼吸困难	鸽曲霉菌病流行病学调查有接触霉垫料或食入霉变饲料史，临床上以呼吸困难为主，剖检以肺、气囊出现霉菌结节为特征性病变；取肺或肝脏结节少许，置于载玻片上，加生理盐水 1~2 滴，压扁后加盖玻片，然后加 1 滴 10% 氢氧化钠，放高倍显微镜下观察可发现霉菌的菌丝
鸽沙门菌病	二者均表现精神沉郁，食欲减退或废绝，体温升高，羽毛松乱，排黄绿色或水样粪便；并均有肝脏肿大，肠道黏膜不同程度的出血，肾脏肿大等剖检病变	鸽沙门菌病发病慢，死亡率不高，临床症状和病变也没有大肠杆菌病严重，但临床上往往难以区别，最好通过细菌的分离鉴定来区分
鸽霍乱	二者均表现精神委顿，体温升高，羽毛松乱，食欲减退甚至废绝，饮水增加，部分出现呼吸困难，机体消瘦，脱水；并均有肠黏膜出血，肝脏肿大，心包积液等剖检病变	鸽霍乱发病突然，无明显征兆，死亡的往往是肥壮的鸽；剖检可见心冠脂肪、心内膜出血明显，肝脏肿大，表面有弥漫性针尖大的坏死点
鸽新城疫	二者均表现体温升高，神疲羽松，食欲减退，粪便呈黄绿色或呈水样，部分病例可见消瘦，衰竭死亡；并均有肝脏肿大，小肠黏膜出血等剖检病变	脑炎型大肠杆菌病有神经症状，但只是偶发现象，发病率不高，往往排黄色、恶臭稀粪。而鸽新城疫以排黄绿色稀粪和出现神经症状为主，传播快，发病率和死亡率高，出现扭头歪颈等神经症状的很多；剖检可见腺胃乳头、肌胃、肠道出血等特征性病变。根据流行特点、病理变化进行初步诊断。进一步确诊需通过实验室检查

预防措施

（1）**饲养管理**　鸽大肠杆菌病的发生具有一定的条件性，病原可能是外来的致病性大肠杆菌，也可能是体内正常情况下存在的大肠杆菌，当环境改变或发生应激时会诱导发病。因此，加强饲养管理，保持鸽舍卫生清洁，做好消毒工作（除常见场所的定期消毒外，还应注意巢窝、垫布的消毒），合理通风，保证合理的饲养密度，供应优质饲料和清洁的饮用水，采取有效措施减少鸽舍内浮尘，及时更换产蛋巢窝、垫布，可有效预防鸽大肠杆菌病。

（2）**疫苗免疫**　虽然大肠杆菌血清型众多，但接种疫苗仍为防治本病的一种有效方法。目前市场上只有鸡大肠杆菌多价灭活苗，发病严重的鸽场或种鸽场可选用，免疫保护期为 8 个月。为确保疫苗保护效果，一般需要进行 2 次免疫，第 1 次免疫接种时间为 4 周龄，第 2 次免疫接种时间为 18 周龄。

大肠杆菌对多种抗生素、磺胺类及呋喃类药物都敏感，但也容易出现耐药性，尤其是一些鸽场长期使用这类药物作为饲料添加剂时。所以，在防治中应经常变换药物或联合使用两种以上药物，这样效果会好些。有条件的鸽场应通过药敏试验筛选敏感药物用于治疗，且应注意交替用药，按疗效投药，这样才能起到较好的治疗效果。无条件开展药敏试验的鸽场，在治疗时一般可选用下列药物：强力霉素按每千克饲料加 100 毫克，诺氟沙星、环丙沙星按每千克饲料加 50~100 毫克，氟苯尼考按每千克体重 25~30 毫克内服，连喂 4~5 天。症状严重的鸽可个体治疗，按每千克体重肌内注射庆大霉素 0.5 万 ~1 万国际单位，或每千克体重肌内注射卡那霉素 30~40 毫克。

中草药在防治鸽大肠杆菌病方面有独特的功效，国内在这方面的研究较多，如贺常亮研制出香芪汤（由香附、穿心莲、黄芪等组成方剂）、魏一钧研制出兽用小柴胡汤（由柴胡、黄芩、半夏、党参、甘草等组成方剂）、赵坤研制出克痢散（由石膏、滑石、白头翁、苍术等组成方剂）等。通过药敏试验、体外抑菌、人工感染治疗和自然感染治疗试验等研究了这些复方中草药方剂防治大肠杆菌病的疗效，确认它们对大肠杆菌病预防率、治愈率都比较高，完全能替代抗生素。另外，在饲料中定期添加 0.5% 大蒜素，对大肠杆菌病的防治效果也比较好。

三、鸽霍乱

鸽霍乱是由多杀性巴氏杆菌引起的一种急性、败血性传染病。以全身出血性变化和肝脏多发性坏死并伴有下痢为特征。

本病的病原为多杀性巴氏杆菌，为革兰染色阴性、无运动、无鞭毛、不形成芽孢的短小杆菌，单个或成对，偶尔呈链状或丝状，在重复传代后趋向多形性。在组织、血液和新分离培养物中的菌体经亚甲蓝或瑞氏染色后，在显微镜下可见明显的、具有特征性的两极着色。

多杀性巴氏杆菌为需氧兼性厌氧菌，最适生长温度为 37℃，最适 pH 为 7.2~7.8。在含有血清和血红素的培养基中生长良好，不溶血；经 37℃培养 18~24 小时，在血红素琼脂平板上可见灰白色、半透明、光滑、湿润、隆起、边缘整齐的露珠样小菌落。

多杀性巴氏杆菌对理化因素的抵抗力不强，5%~10% 生石灰水、1% 漂白粉、1% 氢氧化钠、1% 福尔马林、3%~5% 苯酚、3% 来苏儿、0.1% 过氧乙酸和 75% 乙醇等常用消毒剂均可在短时间内将本菌杀死。

禽霍乱多发生于鸡、火鸡、鸭和鹅，也感染鸽、鹌鹑，几乎所有的鸟类对本病都易感。不同品种、不同年龄鸽均可发病，但多见于成年鸽，且其发病率和死亡率均较高。本病的传染源主要是带菌鸽、病鸽、其他禽类（如鸡、鸭、鹅等）。因排泄物、分泌物污染了环境、饲料、饮水用具等而传染。本病主要通过消化道、呼吸道或伤口引起感染，病原传播速度比较快，一旦鸽群有因最急性鸽霍乱死亡病例后，往往 1~2 天即可能出现全群发病直至暴发流行。

本病也是一种条件性传染病，在鸽群饲养管理条件突然改变，尤其是饲养密度过大、通风不良、长途运输、天气骤变、阴雨潮湿、饮食及运动受限等情况下，鸽的抵抗力下降，会引起内源性感染，极易引起本病的暴发或流行。

本病一年四季均可发生，但以天气剧变、潮湿多雨、冷热交替、高温闷热的季节发生较多，鸽霍乱的流行季节主要为夏末、秋季和冬季。

感染多杀性巴氏杆菌后病鸽表现为精神委顿，体温升高，羽毛松乱，缩颈闭目，两翅下垂（图 3-30），离群呆立，不愿活动，行动迟缓，食欲减退甚至废绝，饮水增加，嗉囊积液，倒提时口鼻往外流浅黄色带泡沫的黏液（图 3-31），鼻瘤无光泽，结膜潮红，呼吸困难，有甩头情况，试图甩掉蓄积在咽喉的黏液，剧烈腹泻，排灰黄色或

图 3-30　病鸽两翅下垂

图 3-31　口鼻往外流浅黄色带泡沫的黏液

绿色并带有恶臭的粪便（图 3-32）。慢性的表现机体消瘦，脱水，贫血，关节肿胀等症状（图 3-33）。

图 3-32　排绿色粪便

图 3-33　机体消瘦，关节肿胀

　　头部呈紫色，皮下组织、腹部脂肪、肌胃、肠浆膜、黏膜有大小不等的点状出血（图 3-34），腺胃与肌胃的交界处有出血带，十二指肠呈出血性或急性卡他性炎症。特征性病变主要在肝脏和心脏，肝脏肿大，质地较脆，呈棕红色或棕黄色，表面上有大量散在的灰白色或黄色坏死点（图 3-35）；心包积有浅黄色液体，心冠脂肪冠状沟有大量不等的出血（图 3-36）。慢性的关节腱鞘等有干酪样物、卵巢出现出血或破裂（图 3-37）。

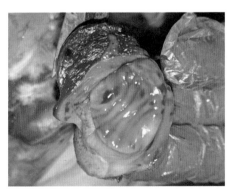

图 3-34　肌胃有点状出血

图 3-35　肝脏肿大，有坏死点

图 3-36　心包积有浅黄色液体

图 3-37　卵巢破裂

诊断

　　鸽霍乱的诊断并不算很难，根据流行病学、临床症状和特征性病理变化可做出初步诊断，确诊需要进行实验室检查。采用病死鸽的肝脏、脾脏或者心血等制成触片，对触片进行亚甲蓝、瑞氏或吉姆萨等染色，显微镜 400 倍下观察，若发现两极着色的卵圆形小杆菌可确诊为多杀性巴氏杆菌。另外，可通过细菌分离培养、生化特性试验及快速血清学诊断技术等实验室方法确诊。

类症鉴别

病名	与鸽霍乱的相似点	与鸽霍乱的不同点
鸽新城疫	二者均表现体温升高，精神委顿，羽毛松乱，翅膀下垂，不愿走动，闭目呆立，食欲减退甚至废绝，饮欲增加，倒提时有黏液从口腔流出，慢性者可见进行性消瘦和贫血；并均有肝脏肿大，腺胃、肌胃交界处条纹状出血，小肠浆膜、黏膜有大小不等的出血，心冠状沟有出血点等剖检病变	鸽新城疫病程较长，大多 3~5 天死亡，发病率和死亡率高，排黄绿色稀粪，常有扭头等神经症状；剖检可见腺胃乳头、肌胃出血，腺胃与肌胃交界处有明显出血，而皮下组织、腹部脂肪很少有出血。而鸽霍乱几乎没有扭头歪颈等神经症状；剖检可见皮下组织、心冠脂肪、腹部脂肪出血，肝脏表面有许多针尖大小的白色坏死点
鸽葡萄球菌病	二者均表现精神沉郁，羽毛蓬松，低头缩颈，不愿活动，食欲减退甚至废绝，饮欲增加，机体瘦弱；并均有心冠脂肪出血，肝脏肿大，表面有散在的坏死点，肠黏膜出血，个别病例关节腱鞘等渗出物呈干酪样等剖检病变	败血型葡萄球菌病与鸽霍乱剖检病变有相似之处，败血型葡萄球菌病往往是由脐炎型转变过来的，出壳不到 1 周的乳鸽有较明显的临床症状而死亡，成年鸽少有败血型葡萄球菌病暴发。通过细菌分离鉴定更有利于进行区分

预防措施

用疫苗免疫。在本病常发地区的鸽场，应用禽霍乱灭活菌苗、弱毒活菌苗或两者同时使用以预防鸽霍乱的发生。目前国内常用禽霍乱油乳剂灭活苗，防疫效果比较好。鸽霍乱的免疫程序：首次免疫通常于4周龄进行，并在开产前进行第2次免疫，以后每年再免疫1次。如本病在鸽群发生得较早，即在乳鸽中就有流行，可将首免时间提前至2周龄，剂量减半。需要注意的是，使用弱毒活菌苗的前后3天内禁止使用抗生素、磺胺类及其他具有杀菌作用的药物，以免影响活菌苗的活性及免疫性。为尽量减少免疫疫苗时所产生的应激反应，可同时在饲料或饮水里添加一些抗应激剂。

治疗方法

及早发现疫情很重要，一旦怀疑鸽群发生鸽霍乱，应尽快确诊，对病死鸽深埋或焚烧处理。确定疫点后，要立即做好严格隔离工作，防止疫情扩散，对发病鸽舍及其周围环境进行彻底消毒，以杀灭或尽可能减少病鸽和死鸽排到体外的病原菌。

多杀性巴氏杆菌对几乎所有的抗生素和磺胺类药物都比较敏感，治疗用药的选择余地比较大。如青霉素4万~5万国际单位/千克体重，链霉素3万~4万国际单位/千克体重，对发病鸽群每天肌内注射2次，连用3~4天；0.1%诺氟沙星按每千克饲料添加100毫克，氟苯尼考按每千克体重25~30毫克内服。杆菌肽等药物也有很好的治疗效果，内服100~200国际单位/天。由于耐药菌株的不断出现，在选择药物时尽量避免使用在本场曾经用过的药物（包括同类药物），有条件的鸽场最好通过药敏试验筛选出敏感药物用于本病的治疗，以提高治疗效果。

四、鸽葡萄球菌病

鸽葡萄球菌病是一种由金黄色葡萄球菌引起的急性败血性或慢性传染病。本病是一种环境传染病，也是一种人兽共患病。在临床上表现为败血症、脐炎、皮炎、眼炎、腱鞘炎、化脓性关节炎、黏液囊炎等多种病型，偶见细菌性心内膜炎和脑脊髓炎病型。

病原

鸽葡萄球菌病的病原为金黄色葡萄球菌。金黄色葡萄球菌是唯一对家禽有致病性的葡萄球菌种。典型的致病性金黄色葡萄球菌为革兰阳性、球状，在固体培养基上菌体呈簇状，在液体培养基上菌体可呈短链，菌体成对排列或呈葡萄样聚集在一起（尤其在固体培养基上）。通常致病性菌株的菌体较小，无鞭毛，不产生芽孢，有些菌株能产生多种毒素和酶。本菌对营养要求不高，在普通培养基上生长良好，在含有血液、血清或葡萄糖的培养基上生长更好。在5%血培养基上37℃培养18~24小时，可见圆形或卵圆形、光滑、湿润、隆起的菌落，常有白色到橘黄色色素。

金黄色葡萄球菌在环境中无处不在，对外界环境的抵抗力相当强，但对结晶紫、甲紫敏感。一些菌株对干燥、热（50℃ 30 分钟）、消毒剂和 9% 氯化钠有抵抗力。在消毒药中，苯酚的消毒效果较好，3%~5% 苯酚 10~15 分钟可杀死本菌。另外，75% 乙醇、0.1% 升汞、0.3% 过氧乙酸也有较好的消毒效果。

流行特点

一年四季均可发生，尤其在雨季、潮湿季节多发，各种日龄的鸽均可感染。幼鸽多发，呈急性败血症型。青年鸽和成年鸽也可发生，呈急性或慢性经过。

金黄色葡萄球菌在自然界中广泛存在，特别是在鸽舍的栖架、网架、水槽、粪便中大量存在。本病通过皮肤黏膜创伤感染、直接接触或空气传播感染。葡萄球菌病常继发于发生鸽痘时、注射疫苗时、受到各种创伤时或雏鸽脐带感染时。

临床症状

鸽葡萄球菌病的潜伏期较短，根据侵袭部位和临床表现，可分为急性败血症、脐炎、皮炎、关节炎和眼炎等病型。

（1）**急性败血症型** 本型最为常见，病程一般为 2~6 天。临床上多见于 2 周龄内的乳鸽，偶见于成年鸽。乳鸽常因腹部皮肤有伤口而感染，病鸽表现为精神沉郁（图 3-38），食欲减退甚至废绝，渴欲增加，排水样稀粪，有时可见腹部增大，腹底部下垂，很快死亡。

（2）**脐炎型** 本型也较为常见，多发生于 7 日龄以内的乳鸽。病鸽精神委顿，低头缩颈，不愿活动，食欲减退，部分下痢，排出灰白色或黄绿色稀粪（图 3-39）。瘦弱，卵黄吸收不良，腹部膨大，脐部肿胀、发炎（图 3-40），局部呈黄色、红色、紫色、黑色，质稍硬，间有分泌物，被称为"大肚脐"，常常因败血症而在 1~2 天死亡。

图 3-38　病鸽精神沉郁

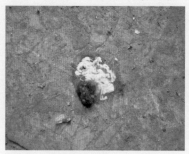

图 3-39　排黄绿色稀粪

图 3-40　脐部肿胀、发炎

（3）**皮炎型** 本病死亡率较高，病程多为3~7天。常发生于3~4周龄的乳鸽。病鸽表现为精神沉郁，羽毛蓬松，多因皮肤或黏膜损伤而引起感染（图3-41），发展为局灶性坏死性炎症，胸腹部、翅、大腿内侧等处羽毛脱落，有的鸽因腹部皮下炎性肿胀而使皮肤呈紫色或紫红色，触诊皮下时有液体波动感。后期，部分可能发展成皮下化脓性炎症，有的自然破溃，流出茶色或紫红色液体，与周围羽毛粘连，随后出现坏死性皮炎（图3-42），严重时出现全身性感染，食欲废绝，最后因衰竭而死亡。

图3-41　皮肤黏膜损伤

图3-42　坏死性皮炎

（4）**关节炎型** 本病病程较长，一般在2周以上。常发生于青年鸽和成年鸽。病鸽常表现为一侧跗关节肿胀，有热痛感，跛行，有的破溃，形成污黑色结痂（图3-43）。有的出现趾瘤（图3-44），脚底肿大。有时趾尖发生坏死，呈黑紫色，较干涩。

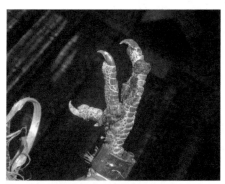

图3-43　病鸽趾部出现污黑色结痂

图3-44　病鸽出现趾瘤

（5）**眼炎型**　各种日龄的鸽都会发生，病鸽闭眼，严重的眼内充满脓汁分泌物而发生眼黏合（图3-45）。上下眼睑肿胀（图3-46），结膜红肿，有的有肉芽肿，最后失明，无法采食而衰竭死亡。

图 3-45　病鸽眼黏合

图 3-46　病鸽上下眼睑肿胀

病理变化

（1）**急性败血症型**　剖检病死乳鸽，可见肌肉出血，广泛潮红，尤以胸肌和腿肌上常见；心冠脂肪有出血点，肝脏、脾脏肿大、充血；肠黏膜充血、轻度出血（图3-47）。剖检病死成年鸽，常见心外膜点状出血，腹腔内有腹水和纤维素性渗出物；肝脏肿大，质地变硬，呈黄绿色（图3-48），间有散在的坏死灶；脾脏、肾脏轻度肿大（图3-49）；泄殖腔黏膜有时有出血、溃疡、坏死。

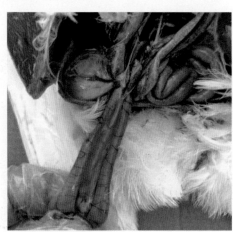
图 3-47　肠黏膜充血

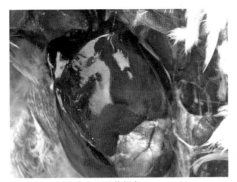
图 3-48　肝脏肿大，呈黄绿色

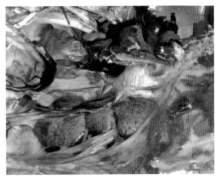
图 3-49　肾脏轻度肿大

（2）**脐炎型**　脐部常有炎症，干酪样坏死性病变。心包积液，呈浅黄色，心外膜、心内膜和心冠脂肪有小出血点或出血斑（图 3-50）。腹腔膜发炎，腹腔积液或有纤维素性渗出物。肝脏和脾脏肿大、充血（图 3-51），呈浅黄色。卵黄严重变形，有时呈糊状。

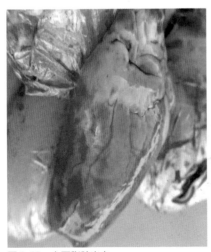
图 3-50　心冠脂肪出血

图 3-51　脾脏肿大

（3）**皮炎型**　病死鸽局部皮肤增厚、水肿，切开皮肤见有出血性胶样浸润，液体呈茶色或紫红色。胸肌及大腿肌肉有出血斑点或带状出血，或有坏死病灶（图 3-52）。

图 3-52　肌肉出现坏死病灶

（4）**关节炎型**　可见关节炎和滑膜炎。某些关节肿胀，关节内有浆液性或纤维素性渗出物，关节内滑膜增厚、水肿。病程稍长时，渗出物呈干酪样，有时发展成骨髓炎。

（5）**眼炎型**　主要是眼外观的病变，眼内有炎性渗出液，严重的眼部化脓（图 3-53），甚至失明。

图 3-53　眼部化脓

诊断

　　根据流行病学、临床症状和剖检病变可做出初步诊断，确诊需通过实验室检查。无菌采集病鸽的心血、肝脏、脾脏或关节囊液等病料进行细菌分离培养，金黄色葡萄球菌在绵羊血琼脂平板上生长良好、具有溶血现象，容易鉴定。

病名	与鸽葡萄球菌病的相似点	与鸽葡萄球菌病的不同点
鸽霍乱	二者均表现精神沉郁，羽毛蓬松，低头缩颈，不愿活动，食欲减退甚至废绝，饮欲增加，机体瘦弱；并均有心冠脂肪出血，肝脏肿大，表面有散在的坏死点，肠黏膜出血，个别病例关节腱鞘等渗出物呈干酪样等剖检病变	鸽霍乱与败血型葡萄球菌病在剖检病变上有相似之处。二者的区别是，鸽霍乱主要发生于成年鸽，几乎无明显的临床症状，早晨进鸽舍喂料时才发现死亡，死亡的往往是比较肥壮的鸽；剖检心冠脂肪处出血像泼水样，肝脏有许多大小不一的灰白色坏死灶。而败血型葡萄球菌病往往是由脐炎型转变过来的，出壳不到1周的乳鸽有较明显的临床症状而死亡，剖检心冠脂肪处有点状出血，肝脏无白色坏死灶。使用血琼脂进行细菌分离鉴定能更准确区分
鸽大肠杆菌病	二者均表现精神沉郁，食欲减退或废绝，体温升高，羽毛松乱，个别病例出现闭眼流泪症状，严重的双目失明，无法采食最后衰竭死亡，或部分病例出现卵黄吸收不全，大肚子或肚皮发黑、呈青绿色，脐孔红肿等；并均有肝脏肿大，肠道黏膜充血、出血，肾脏肿大，腹腔内有腹水和纤维素性渗出物，肠黏膜充血、出血，眼内有炎性渗出物，严重时眼部化脓或内部有豆腐渣块状物等剖检病变	鸽大肠杆菌病呼吸困难，腹泻，排灰黄色稀粪，粪便恶臭；剖检主要表现心包炎、肝周炎和肺炎及肺结节等，心冠脂肪无出血现象

因金黄色葡萄球菌广泛存在于自然界，预防本病的关键是做好饲养管理工作。消除造成鸽外伤的各种因素，如保持鸽笼、鸽舍和用具等光滑平整，保证垫料的质量，特别要注意避免鸽群的皮肤和黏膜受到损伤。保持合理的饲养密度，搞好环境卫生，鸽舍定期消毒，可喷洒0.3%过氧乙酸等消毒液。加强饲养管理，尽量避免或减少应激因素，保证饮水和饲料的质量，接种鸽痘疫苗时做好消毒工作。人工孵化时做好孵化器和种蛋的清洁消毒工作，种蛋要避免被粪便污染。

治疗时首先做好皮肤外伤的消毒处理，可用甲紫、碘酊、聚维酮碘等擦洗病变部位，以加速愈合。严重的可全身用药，青霉素（每千克体重2万~5万国际单位，肌内注射）、链霉素、庆大霉素（每千克体重3000~5000国际单位，肌内注射）、卡那霉素（每千克体重1000~1500国际单位，肌内注射）、盐酸四环素（每千克体重50毫克，内服）、0.01%~0.02%红霉素、环丙沙星（每千克体重5~10毫克，内服）、恩诺沙星（每千克体重5~10毫克，内服）、0.5%磺胺二甲嘧啶等有良好的治疗效果。一般注射效果要明显优于饮水或拌料给药。

五、鸽支原体病

鸽支原体病又称鸽慢性呼吸道病、鸽霉形体病。本病是由鸡毒支原体引起的一种呼吸道细菌性传染病，是鸽常见的多发病之一。本病的流行特点是感染率高，死亡率较低，发病缓慢，病程较长，病理变化发展慢，即使治愈也常复发，且能经蛋垂直传播，难以彻底消灭，致使本病在鸽群中长期蔓延而不断发病。临床上主要表现为呼吸困难，气管啰音，咳嗽，鼻漏。本病会引起鸽体质降低，抗病力下降，造成乳鸽生长发育迟缓，品质下降，死淘率增加；成年鸽出现产蛋率、孵化率下降，严重时会死亡，经济损失较大。

病原　支原体发现于1898年，为目前发现的最小的简单原核生物。其大小介于细菌和病毒之间，结构也比较简单，其菌落形态被称为煎蛋形，没有细胞壁，只有3层结构的细胞膜，故具有较大的可变性。用吉姆萨染色法镜检，可见其呈大小差异很大的卵圆形或小球状，常成丛存在。

鸡毒支原体对环境抵抗力较弱。在常温（一般为18~20℃）下可存活6天，在20℃的鸽粪内可存活1~3天，在卵黄中37℃时可存活18周，45℃时经12~14小时死亡。液体培养物在4℃可保存近1个月，在-30℃可保存1~2年。冻干培养物在-60℃存活时间更长，可达10多年。本菌对紫外线的抵抗力极差，阳光直射下很快失去活力，在水中立即死亡。常用消毒药能很快将其杀死，但对新霉素、磺胺类药物有抵抗力。

流行特点　不同品种、日龄的鸽都可发生，但以乳鸽最易感。本病感染率高，发病率在15%左右；死亡率低，一般为8%左右；继发大肠杆菌病和毛滴虫病等疾病可使发病率和死亡率上升，可达20%~40%。带菌鸽和发病鸽是本病的主要传染源。本病既可水平传播，又可垂直传播。病原菌主要通过病鸽咳嗽、打喷嚏，随呼吸道分泌物排出，又随飞沫和尘埃经呼吸道感染。

本病在新发病的鸽群中传播较快，但在疫区呈缓慢经过。本病的严重程度与饲养管理、环境卫生、营养缺乏、多种病原微生物的继发和并发感染有很大关系。使用被支原体污染的活疫苗易散播本病，如采用气雾法和滴鼻法进行活疫苗（如新城疫弱毒冻干苗）免疫时能诱发本病。

本病一年四季都可发生，但多发于寒冷、多雨季节。鸽舍拥挤、空气污秽、通风不良、卫生恶劣和长途运输等因素，均可促使本病的发生和流行。

临床症状

本病病程长，潜伏期为1周左右，多数呈慢性经过，病鸽精神尚佳，采食下降，常有呼吸道症状，张口呼吸、咳嗽、呼吸有啰音（图3-54）。从鼻孔流出白色黏液（图3-55），阻塞鼻孔。眼结膜发炎，流泪，眼部周围肿胀（图3-56），严重的整个眼睛粘连在一起并有豆腐渣样渗出物。体重及繁殖能力下降。

图 3-54　病鸽张口呼吸

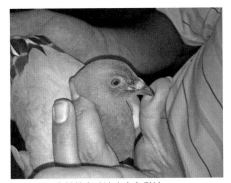

图 3-55　病鸽从鼻孔流出白色黏液

图 3-56　病鸽眼结膜发炎，眼部周围肿胀

病理变化

眼睛有浆液性分泌物（图3-57）。鼻腔黏膜颜色变深、肿胀。气管黏膜肿胀，气管内有稀薄分泌物或有干酪样物阻塞（图3-58），气囊混浊，气囊壁增厚，囊壁上可见小米粒大小的灰白色小点或气泡，严重的气囊内有黄色的干酪样物（图3-59）。腹腔内有泡沫样分泌物（图3-60）。有的关节出现肿胀，剖开关节有浅黄色液体流出或黄色干酪样物。常与大肠杆菌混合感染，严重的发生心包炎、腹膜炎、肝周炎等。

图 3-57　眼睛有浆液性分泌物

图 3-58　气管内有稀薄分泌物

图 3-59　气囊内有黄色的干酪样物

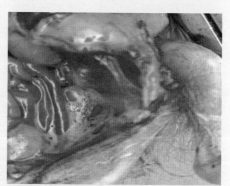

图 3-60　腹腔内有泡沫样分泌物

诊断　　　本病根据其流行病学、临床症状和剖检病变可做出初步诊断。确诊需要进行血清学检测和支原体培养鉴定等实验室检查。玻片凝集反应是对鸽支原体病常用的一种快速简便的检测方法，血凝抑制试验也是比较可靠的诊断方法。

类症鉴别

病名	与鸽支原体病的相似点	与鸽支原体病的不同点
鸽衣原体病	二者均表现精神不振，食欲减退，呼吸困难，眼结膜炎，流泪，眼圈肿胀，鼻孔流出白色稀薄物；剖检可见气囊混浊，出现干酪样物，腹腔内有渗出液	鸽衣原体病的病原是鹦鹉热衣原体。有典型的结膜炎症状，呈急性经过，只有个别病例发生死亡；而鸽支原体病的眼结膜极少受到侵害。且鸽衣原体病剖检可见全身黏膜发炎、腹泻、消瘦、肝脏和脾脏肿大

病名	与鸽支原体病的相似点	与鸽支原体病的不同点
鸽毛滴虫病	二者均表现精神沉郁、食欲减退、夜间发出"咯咯"的喘鸣音；剖检可见上呼吸道弥漫黄白色干酪样物	鸽毛滴虫病的病原是毛滴虫；口腔、嗉囊、食道甚至其他部位出现坏死性溃疡，妨碍进食，只有严重时才表现呼吸困难；剖检可见口腔黄色假膜，假膜容易剥腐，且剥腐后不留痕迹，一般无肺炎和气囊炎病变；取口腔沉积物镜检，可看到游动的毛滴虫
鸽念珠菌病	二者均表现精神沉郁、日渐消瘦、呼吸困难；剖检可见上呼吸道黏膜增厚，表面有大量混浊黏稠渗出物	鸽念珠菌病的病原是白色念珠菌；病鸽腹泻、嗉囊凸出肿胀；剖检可见食道和嗉囊内有鳞片状、干酪样假膜，口腔可见黄色假膜，假膜难以剥离，有酸臭味，撕去假膜则露出出血性溃疡灶，一般无肺炎和气囊炎病变
鸽曲霉菌病	二者均表现呼吸道障碍，张口喘气、呼吸困难，眼睛流泪，眼内有分泌物；剖检可见气囊增厚，有干酪样的附着物	鸽曲霉菌病的病原是烟曲霉和黄曲霉；被曲霉菌感染的病鸽临床表现呼吸困难明显，常无鼻炎症状；剖检可见肺肉芽肿及结节等严重病变，气囊炎也很严重；取结节病灶镜检可见霉斑和菌丝，检查饲料有霉变现象

预防措施

目前国内还没有培育出支原体阴性的种鸽群，必须采取综合性防治措施来防控鸽支原体病，开展疫苗免疫也是行之有效的预防措施。

（1）**加强饲养管理** 做好鸽场的饲养管理工作，饲喂优质饲料，供给鸽群足够的营养成分，尤其是维生素 A，提高鸽的抗病力。做好环境清洁卫生消毒工作，保证饮水清洁卫生，每周清除粪便 1~2 次，消毒 1~2 次，可选择过氧乙酸等消毒剂带鸽消毒，以降低鸽舍内氨气的浓度，减少鸽舍的灰尘和病原微生物。合理安排饲养密度，避免各种应激因素的影响。需要特别注意的是，绝不能将鸡与鸽混养，鸽场也要尽量远离鸡场，以防交叉感染。

（2）**疫苗免疫接种** 疫苗免疫后可有效防止病原菌经种蛋垂直传播，并可降低诱发其他疾病的概率，提高乳鸽品质。已证明，免疫接种是减少鸽支原体病发生的一种有效方法。目前，国内外使用的疫苗主要有慢性呼吸道病弱毒活疫苗和慢性呼吸道病油乳剂灭活疫苗，因暂时没有鸽专用疫苗，在本病严重的鸽场可考虑选用鸡慢性呼吸道病油乳剂灭活疫苗，剂量减半。需要注意的是，不能在鸽群中盲目使用鸡慢性呼吸道病弱毒活疫苗。

（3）**清除种蛋内的支原体**　经种蛋垂直传播是支原体一条重要的传播途径，阻断这条途径对防治疾病有着重要的意义，是培育支原体阴性鸽群的基础。有2种方法可以用来降低或消除蛋内的支原体，即抗生素处理法和加热法。

①抗生素处理法：将亲鸽自然孵化1~2天的种蛋或将人工孵化前的种蛋加热到37.5℃后，立即放入35℃左右、对支原体有抑制作用的抗生素溶液（如0.03%泰乐菌素、0.05%庆大霉素等）中浸泡10~12分钟；也可以将种蛋放在密闭容器的抗生素溶液中，抽出部分空气，然后再徐徐放入空气使药液进入种蛋内；也可将抗生素溶液注射在种蛋内。这种方法的缺点是清除种蛋内支原体不彻底，增加了某些对抗生素有耐药性的细菌污染机会和影响孵化率，孵化率会下降8%~10%。

②加热法：人工孵化时，对孵化器中的种蛋，压入热空气，使温度在10~12小时均匀上升到46.1℃，然后移入正常孵化温度中孵化，但采用这种方法，种蛋孵化率会下降8%~10%。

（4）**建立支原体阴性种鸽群**　支原体可经蛋传播，应有计划地实施净化，实行小群体定向培养，定期进行支原体血清学检测，坚决淘汰支原体阳性鸽。在配对前对鸽群进行1次血清学检查，检测支原体为阴性的鸽才可留作种鸽。支原体阴性的亲代鸽群所产种蛋不经过药物或热处理孵出的子代鸽群，经过几次检测都未出现1只支原体阳性鸽后，才能认定已建成支原体阴性种鸽群。

治疗方法

一旦鸽群发病，可选用下列药物控制和治疗。泰乐菌素、红霉素、北里霉素、土霉素、四环素、金霉素、强力霉素、链霉素、庆大霉素、卡那霉素、新霉素等，临床上常选用其中1种药物和给药方式，如0.01%红霉素饮水或0.02%~0.05%红霉素拌料、0.005%~0.01%酒石酸泰乐菌素拌料或0.003%~0.005%酒石酸泰乐菌素饮水、0.05%泰乐菌素饮水、0.003%壮观霉素饮水、0.03%~0.05%北里霉素拌料等，连用3~5天，治疗效果较好。本病常混合感染或继发感染其他病原微生物，并易产生耐药性，最好选用抗菌谱广的药物，并注意交替用药。

六、鸽衣原体病

鸽衣原体病又称为鸟疫，是由鹦鹉热衣原体引起的一种接触性传染病。养鸽界常称其为单眼伤风。每年的 5~7 月和 10~12 月为发病高峰。其特征为全身黏膜发炎、呼吸异常、腹泻、消瘦、肝脏和脾脏肿大。

病原

衣原体是衣原体科衣原体属的一种微生物，革兰染色为阴性，在自然界中传播广泛。它没有合成高能化合物 ATP、GTP 的能力，必须由宿主细胞提供，因而成为能力寄生物，多呈球状、堆状，有细胞壁，一般寄生在动物细胞内。它是介于细菌与病毒之间的一种原核微生物，以二分裂方式繁殖。衣原体广泛寄生于鸟类和哺乳动物。对外界环境抵抗力不强，对热较敏感（37℃ 48 小时、56℃ 5 分钟均失去活力）；一般的消毒剂如 70% 酒精、3% 过氧化氢等，可在几分钟内破坏其感染力。

流行特点

各年龄的鸽均可感染，本病传播快，感染率高，多发生于夏、秋季节，通常本病流行持续 2~4 个月，尤其对幼鸽危害性较大，一般死亡率可达 20%~30%，信鸽死淘率可达 30%~50%。成年鸽多数呈隐性感染，正常鸽群中约有 30% 的鸽带有衣原体，一旦受到各种应激如长途运输、赛事、营养缺乏、饲养管理条件突然改变等都会引发本病。本病主要通过呼吸道、消化道等途径感染，尤其是被衣原体感染的父母鸽通过哺育幼鸽将病原直接传染给下一代。或鸽通过接吻，病鸽的粪便、泪液和咽喉的黏液污染饲料、饮水、保健砂等进行传播。

临床症状

病鸽表现为精神不振、食欲下降、羽毛松乱、呼吸困难、生长缓慢、消瘦、腹泻。大多数单侧眼睑肿胀（图 3-61），发生结膜炎，眼圈湿润、红肿（图 3-62），畏光流

图 3-61　病鸽眼睑肿胀

图 3-62　眼圈湿润、红肿

泪，严重时造成眼睑粘连（图3-63）。初期从鼻孔流出白色稀薄的分泌物，后期为黄色浓稠分泌物，并在鼻孔周围出现结痂（图3-64），造成鼻孔阻塞，出现呼吸道症状，排灰白色或黄色、绿色粪便。个别出现神经症状，如脚瘫痪、转脖等症状。并常伴发沙门菌病和支原体病。

图 3-63　眼睑粘连

图 3-64　鼻孔周围出现结痂

病理变化

　　主要表现为口腔和咽部充血，有溃疡或干酪样坏死灶（图3-65）。肺有纤维素性渗出物，气囊混浊（图3-66），严重的出现干酪样物。肝脏、脾脏肿大，有出血点（斑）或白色坏死灶。腹腔有大量渗出液。十二指肠黏膜出血（图3-67）。

图 3-65　口腔充血，有干酪样坏死灶

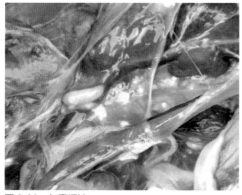
图 3-66 气囊混浊

图 3-67 十二指肠黏膜出血

诊断

　　根据眼结膜、眼睑肿胀等临床症状，结合剖检见肺炎和气囊炎等病变，可做出初步诊断。

　　因鸽衣原体病的临床症状和剖检病变并非特异性的，确诊应通过实验室检查。可取肝脏、脾脏、心包、心肌、气囊和肾脏等病变组织或病死鸽新鲜渗出液制作压片或涂片，吉姆萨染色、镜检，衣原体呈紫色，找到包涵体对确诊意义重大。新鲜渗出液也可不染色，在湿封固标本中以相差显微镜直接检查，400倍或更高倍数下可清晰见到分布于单核细胞中的菌体，但此法不能与支原体区分开。目前国内用于衣原体病诊断的血清学反应有补体结合试验、间接红细胞凝集试验、间接 ELISA、直接免疫荧光法和 PCR 方法等。这些方法各有利弊，检出率也有差异，可结合本地区和鸽场技术水平选择适合的方法。

类症鉴别

病名	与鸽衣原体病的相似点	与鸽衣原体病的不同点
鸽大肠杆菌病	二者均表现全身黏膜发炎，呼吸困难，排黄色、绿色水样粪便，消瘦；剖检可见肝脏肿大、呈暗红色，肾脏肿大，气囊表面有大量黄白色的纤维素性分泌物，眼球外层覆盖混浊物	鸽大肠杆菌病的病原是大肠杆菌；发病多并且症状较重，呼吸困难明显，腹泻较多且严重；剖检发现不仅有肺炎，更有肺肉芽肿及结节等严重病变，气囊炎也更严重，心脏呈纤维素性心包炎病变，腹腔积液呈胶冻状，肠道病变明显，输卵管变粗，输卵管内有黄白色干酪样渗出物

病名	与鸽衣原体病的相似点	与鸽衣原体病的不同点
鸽支原体病	二者均表现精神沉郁，食欲减退，张口呼吸，鼻炎，气囊炎；剖检可见气囊内有黄白色干酪样物	鸽支原体病的病原是支原体；发病缓慢，病程较长，多数表现呼吸困难，呼吸有啰音，频频摇头、打喷嚏、咳嗽、呼出气体有恶臭味；剖检可见眼结膜有浆液性分泌物，鼻腔黏膜颜色变深、肿胀，气管黏膜肿胀，气管内有稀薄分泌物或有干酪样物阻塞，腹腔内有泡沫样分泌物出现；常与大肠杆菌混合感染，严重的发生心包炎、腹膜炎、肝周炎等
鸽葡萄球菌病	二者均表现精神不振，食欲减退，羽毛松乱，呼吸困难，消瘦，排黄色或绿色稀粪，眼结膜炎，眼睑粘连；剖检可见腹腔膜发炎，腹腔积液或有纤维素性渗出物，肝脏和脾脏肿大、充血、呈浅黄色	鸽葡萄球菌病的病原为金黄色葡萄球菌；鸽葡萄球菌病以化脓性眼炎为主，病变严重，易引起失明；鸽葡萄球菌病易呈败血性经过，除肝脏、脾脏外，其他脏器也有出血点和出血斑；脐部有炎症、干酪样坏死性病变；病死鸽有的局部皮肤增厚、水肿，切开皮肤可见出血性胶样浸润，有些病鸽有关节炎和滑膜炎，某些关节肿胀，关节内有浆液性或纤维素性渗出物，关节内滑膜增厚、水肿
鸽曲霉菌病	二者均表现精神沉郁，食欲减退，呼吸困难，生长缓慢，下痢，排黄白色或绿色粪便，个别病鸽会出现头颈扭曲等神经症状；剖检可见气囊出现干酪样渗出物	鸽曲霉菌病的病原是烟曲霉和黄曲霉；表现为呼吸困难明显；剖检可见眼部出现霉菌性眼炎，肺部形成霉菌性的肉芽肿及结节，在气管和支气管也能见到霉菌结节病灶
鸽霍乱	二者均表现精神不振，消瘦，羽毛蓬乱，呼吸困难，排灰白色或黄色、绿色粪便，鼻孔内流出黄白色带泡沫黏液；剖检可见肝脏、脾脏肿大，有出血点（斑）或白色坏死灶，十二指肠黏膜出血	鸽霍乱的病原是多杀性巴氏杆菌；发病突然，往往无明显症状，在第2天早晨才发现死亡的鸽；剖检以心冠脂肪有出血点和肝脏有针尖样灰白色坏死灶为特征，头部呈现紫色，全身器官组织出血明显，少数有结膜炎、鼻炎、肺炎和气囊炎
鸽毛滴虫病	二者均表现精神萎靡，身体消瘦，羽毛蓬松，食欲减退，下痢严重，口腔和鼻孔内有黏液流出，严重时散发恶臭；剖检可见口腔和咽部充血，有溃疡或干酪样坏死灶，肝脏出血，出现黄色病灶	鸽毛滴虫病的病原是毛滴虫；病鸽因口腔有黄色干酪物、咽喉部黏膜破损，造成吞咽和呼吸困难；剖检可见喉咙黏膜呈弥漫性或局灶性覆盖黄白色干酪样物质，形成黄白色假膜，该膜易剥离，无结膜炎、鼻炎、肺炎和气囊炎病变

预防措施

　　在日常的养殖中，需要加强卫生管理，保持良好的环境，防止出现应激的情况。具体为定期对鸽舍、用具做好药物消毒和灭菌处理，每天都对鸽粪和污物及时清理，同时也要防止吸血昆虫、野鸽进入鸽舍。如果要扩大养殖规模，对引进的种鸽要隔离观察至少2周，避免将鸽衣原体病病菌携带到养殖区域。此外，如果发现病鸽必须隔离，同时对病鸽使用的垫草、鸽具和饲料、饮水做好生物安全处理。

治疗方法

　　养殖户可以利用四环素类治疗患有鸽衣原体病的病鸽，如果使用金霉素治疗，成年鸽剂量为每天20~25毫克/只，连用3~5天；也可以用红霉素片喂服，剂量为每天0.5片/只，每天2次，连用3~4天。如果鸽群混合感染支原体病时，则需要使用泰乐菌素，使用方法为：0.5~1克泰乐菌素加5千克水，连用3~5天；如果与沙门菌混合感染，需要使用恩诺沙星，使用方法为：0.5~1克恩诺沙星原粉加5千克水，连用5天。以上方法在治疗鸽衣原体病上效果显著。此外，当人感染衣原体病后，可用红霉素、金霉素和四环素进行治疗。

七、鸽曲霉菌病

　　鸽曲霉菌病又称霉菌性肺炎，是一种常见的真菌性疾病，病程长，最长的可达1个月左右。其病原是烟曲霉菌和黄曲霉菌，这些霉菌在自然界中广泛存在，尤其在玉米、小麦储存不当或潮湿闷热环境中很容易生长霉菌。主要临床特征是形成霉菌性的肉芽肿，在受感染的器官引起霉菌性的炎症，其中最多的是霉菌性肺炎和霉菌性眼炎。

病原

　　引起本病的病原主要是烟曲霉菌，其次是黄曲霉菌。这些霉菌和它产生的孢子在自然界中分布极广，各种环境中都能存活，生长繁殖要求低，曲霉菌孢子又可以随空气的流动散播到很远的地方，常在稻草、谷物中生长繁衍。

流行特点

　　本病主要是由于鸽吃到发霉的饲料而诱发。也可通过呼吸道吸入含曲霉菌孢子的粉尘而感染，此外皮肤、黏膜的伤口感染也可以导致发病。真菌也能穿透蛋壳进入蛋内，使新生雏鸽感染发病。育雏室内阴暗潮湿、空气污浊，过分拥挤及营养不良，均是引发本病的主要因素。幼鸽最易感染本病，尤其是20日龄以下的幼鸽，其发病率可达70%~80%，死亡率为30%~40%，而成年鸽多呈个别散发。本病一年四季均可发生，但以梅雨季节多发。

临床症状

　　病鸽表现为精神沉郁，不愿走动，采食减少，饮欲增加，消瘦（图3-68），羽毛松乱；呼吸困难，气喘，伸颈，张口呼吸；下痢，排黄白色或绿色稀粪；病鸽出现头颈扭曲、共济失调等神经症状（图3-69）。成年鸽症状不明显，个别采食量下降，飞翔时状态不佳。

图3-68　病鸽精神沉郁，消瘦

图3-69　病鸽头颈扭曲

病理变化

　　剖检病鸽，急性呼吸型病例的病变主要见于肺部和气囊；在肺部可见有曲霉菌菌落和粟粒大至绿豆大黄白色或灰白色干酪样坏死组织所构成的结节，结节内容物呈豆渣样，其质地较硬，切面可见有层状结构，中心为干酪样坏死组织，内含菌丝体，呈丝绒状（图3-70）。严重病例呈败血型的病变，还可扩展到气囊，甚至造成肝脏肿大、呈灰黄色、质脆（图3-71），肝脏表面密布针尖至粟粒大坏死结节。除肺和气囊外，在气管和支气管也能见到霉菌结节病灶，气管内出现干酪样渗出物（图3-72），可见两侧

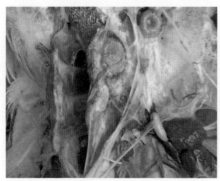

图3-70　肺部出现霉菌性结节

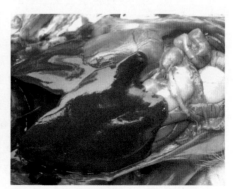

图3-71　肝脏肿大、质脆

真菌性气管炎。有时在病鸽的消化器官（如肠浆膜）也发现霉菌结节病灶，嗉囊空虚，仅存少量稍混浊稀薄的液体，腺胃黏膜脱落，肌胃角质层下有条块状出血（图3-73），肠黏膜充血、出血（图3-74）。出现眼炎：一侧或两侧眼睑肿胀（图3-75），结膜潮红，结膜囊内有黄白色干酪样物。

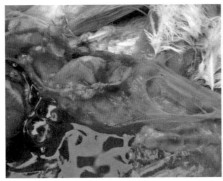

图 3-72　气管内出现干酪样渗出物

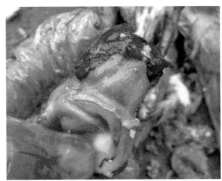

图 3-73　肌胃出血

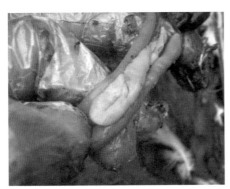

图 3-74　肠黏膜充血

图 3-75　眼睑肿胀

诊断　　根据流行病学、临床症状和典型病变可对本病做出初步诊断。确诊必须进行微生物学检查和病原分离鉴定。

（1）微生物学检查　取结节病灶压片直接检查，即取一小部分结节放在载玻片上用10%氢氧化钾溶液1~2滴浸泡，加盖玻片后，轻压盖玻片，见有分隔的菌丝。取霉斑表面覆盖物涂片镜检，可见到球状的分生孢子，孢子柄短，顶囊呈烧瓶状，其上部有生长紧密的瓶形小梗，顶端孢子呈链状，连接在纵横交错的分隔菌丝上。将肝脏、脾脏等病料涂片、染色、镜检，未观察到细菌。

（2）病原分离鉴定　将气囊、肺病料各 1 块，先放入酒精中浸泡，再用无菌生理盐水洗 3 次后，分别接种于沙氏琼脂平板上，琼脂板上长出形态相同的霉菌菌落，菌落呈白色绒毛样或棉花丝状，经培养，可见菌落由白色变为浅绿色或深绿色，一段时间后变成暗褐色，菌落背面为浅黄色。挑取菌落镜检，可见菌丝及孢子，其培养基上未见其他细菌生长。为查清病原的来源，可检查鸽场的饲料和垫料。取 1 克饲料或垫料加 9 毫升生理盐水，摇匀，吸取上清液 0.2 毫升，接种于萨布罗琼脂平皿 2 个，培养 3 天，检查菌落，再换算成孢子含量，每克检查材料若含有 100 个曲霉菌孢子，则可引起曲霉菌病。

鸽曲霉菌病的主要特征是呼吸道的症状和病变。虽然呼吸困难的症状在其他呼吸道病如喉气管炎、支原体病等也有出现，但曲霉菌病有特征性病变，如同时镜检霉斑，见到菌丝即可区分。

预防措施

严禁饲喂发霉变质的饲料和使用发霉的垫料是预防本病的关键措施。另外，还应加强饲养管理，合理通风换气，保持鸽舍内环境及用具的干燥、清洁卫生，食槽和饮水器要经常清洗，垫料要经常翻晒和更换，特别是阴雨季节，更应翻晒，防止霉菌滋生，坚持定期消毒。

在阴雨潮湿的季节及对常患本病的鸽场给予预防用药：鸽群内服 1∶3000 硫酸铜溶液，连喂 7 天，用制霉菌素拌料，每只鸽 1 万国际单位，连用 7 天，同时用 0.5% 碘化钾饮水，也连用 7 天，交替使用硫酸铜和碘化钾，以防产生耐药性和药物中毒。也可以 1 个月内每周用 0.02% 煌绿或甲紫溶液（糖 2%~5%）代替饮水，连喂 2 天。

治疗方法

对病鸽隔离饲养，清扫并消毒鸽笼、鸽舍；停喂原有饲料，更换全价优质饲料。对于病鸽，可肌内注射 0.1% 煌绿或结晶紫进行治疗，幼鸽 0.1~0.2 毫升，成年鸽 0.4~0.8 毫升，每天 2 次，连用 3 天。并在鸽料中拌入制霉菌素，每 50 万国际单位拌料 1 千克，首日剂量加大 1 倍，次日剂量加大 0.5 倍，以后按正常剂量使用，连喂 5 天，同时饮水中加入硫酸铜，比例为 1∶1500，连用 7 天，接着用 0.5% 碘化钾饮水，也连用 7 天，交替使用硫酸铜和碘化钾。

中药治疗鸽曲霉菌病也有不错的效果。取鱼腥草 100 克、蒲公英 100 克、金银花 80 克、连翘 80 克、黄芪 50 克、桔梗 50 克、桑白皮 50 克、甘草 20 克，水煎取汁，供病鸽上午饮水用，连用 7 天；治疗 1 周后，除病情严重的病鸽死亡，其余病鸽可逐步恢复健康。

八、鸽念珠菌病

鸽念珠菌病俗称鹅口疮，又称霉菌性口炎、念珠菌口炎、酸臭嗉囊病和念珠霉菌病。本病是由白色念珠菌引起的鸽上消化道的一种霉菌性疾病。念珠菌为真菌性微生物，对鸽、鸡、鸭和鹅等禽类都有致病性，甚至可引起人的口腔炎、肺部感染和尿路感染，是一种人兽共患病。本病的显著特征是病鸽食道和嗉囊的黏膜上发生黄白色的干酪样假膜，剥离假膜后可见糜烂和溃疡。

病原　　白色念珠菌是半知菌纲中念珠菌属的一个成员，为类酵母菌。本菌在自然界广泛存在，可在健康畜禽及人的皮肤、口腔、上呼吸道和肠道等处寄居，能侵入宿主的皮肤、口腔、食道、气管、肺等部位。

在沙氏葡萄糖琼脂培养基上 37℃培养 24~36 小时，形成 2~3 毫米大小、奶油色、凸起的圆形菌落。菌落表面湿润，光滑闪光，边缘整齐，较黏稠，略带酒酸味。涂片镜检可见菌体两端钝圆或卵圆形，单个散在，菌体粗大，呈杆状酵母样芽生。长时间培养后，菌落呈蜂窝状并可见到假菌丝。在玉米琼脂培养基上 37℃培养数天，可产生分枝的菌丝，有束状卵圆形芽生孢子和圆形厚膜孢子。本菌为革兰染色阳性，但有些芽生孢子着色不均；用乳酸酚棉蓝真菌染色法，芽生孢子和厚膜孢子为深蓝色，厚膜孢子的膜和菌丝不着色，老菌丝有隔，这是鉴别是否为病原性菌株的方法之一。当酵母状念珠菌发育为菌丝型时，对黏膜有较强黏附能力，且能抵抗白细胞的吞噬，其产生的毒素有较强的致休克、致死作用，还能产生一些水解酶，造成组织损伤，诱发病变。

本菌对外界环境及消毒药有很强的抵抗力，不过碘制剂、甲醛、氢氧化钠对其有较好的杀灭效果。

流行特点　　鸽念珠菌病除发生于鸽外，还常见于鸡、火鸡、鹅、鹌鹑等家禽，鸭很少发病。不同年龄的鸽均可感染，但以青年鸽易发且病情严重，其病死率较高。1 月龄以内的乳鸽较易发生上消化道感染，尤其是人工喂乳的乳鸽更易发生，其感染率较高，死亡快，多在发病后 2~3 天死亡；3 月龄以上的成年鸽可感染，不过发病相对较轻，无明显症状。

传播途径主要是消化道，黏膜损伤有利于病原的侵入。发病的亲鸽通过鸽乳将病原传染给乳鸽；摄食被污染的饲料、饮水、保健砂及环境被病原污染都可引起发病。饲养管理条件不好，鸽舍环境卫生状况差，如鸽舍内过度拥挤、通风不良、浮尘飞扬和有害气体过多及天气湿热会诱发本病。另外，鸽群饲料单纯和营养不良，长期应用广谱抗生素或皮质类固醇，以及感染其他疾病使机体抵抗力下降时，可促使本病的发生。人工饲喂的鸽群更易发病，且易与鸽毛滴虫混合感染。本病一年四季均可发生，但在炎热多雨的夏季更为多发。

发病初期肉鸽出现精神沉郁、呆滞、缩头颈、眼睛不愿睁开、羽毛零乱无光泽、无食欲、腹泻、嗉囊凸出肿胀等情况。后期出现口腔黏膜分泌物增多、溃疡、潮红、充血，黏膜上有白色干酪样物（图 3-76），眼睑、口角处出现结痂样病变（图 3-77），嘴角流出浅黄色、浅绿色黏液。出现呼吸急促、吞咽困难，饮水时因呛甩头等呼吸道症状。死前出现痉挛表现，病程短，呈急性经过，因呼吸困难而死亡。个别的出现排黄绿色或墨绿色稀粪，常因腹泻、明显消瘦衰竭而死。

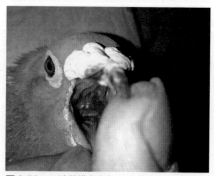
图 3-76　口腔黏膜有白色干酪样物

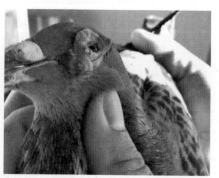
图 3-77　眼睑结痂

鸽念珠菌病的特征性病变是食道和嗉囊内有鳞片状、干酪样假膜（图 3-78）。打开病鸽的口腔，可以在口腔两侧黏膜见到开始为乳白色或黄白色增生斑点，后来融合成白色假膜，如豆腐渣样的特征性、典型的"鹅口疮"增生和溃疡（图 3-79）。剖检可见尸体极度消瘦；口腔、鼻腔内有大量分泌物，口、咽、食道黏膜增厚，严重时可见黄色的假膜覆盖（图 3-80）；嗉囊黏膜增厚，黏膜表面常见有假膜性斑块，揭开假膜可见凹陷的溃疡灶；腺胃黏膜肿胀、出血，表面覆盖着卡他性或坏死性渗出物；气囊混浊（图 3-81），有时可见浅黄色粟粒状结节；气管出血，有浓稠黏液；肝脏有时肿大。

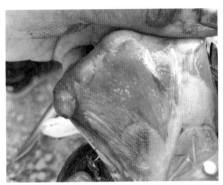

图 3-78　干酪样假膜

图 3-79　豆腐渣样白色假膜

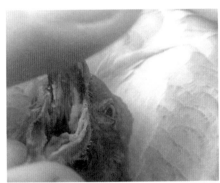

图 3-80　口腔出现黄色假膜

图 3-81　气囊混浊

诊断

本病可根据流行病学、临床症状和典型的剖检病变做出初步诊断，确诊还需要结合实验室检查。常用的方法有细菌学检查，如采集病料镜检，刮取嗉囊或食管分泌物制作压片，在 600 倍显微镜下弱光进行观察，可见边缘暗褐、中间透明的一束束短小样菌丝和卵圆形芽生孢子。另外，取同样病料进行霉菌分离培养，观察形态和培养特性。有条件的，还可以进行动物接种试验，用纯培养物口服接种健康青年鸽，每只 0.5 毫升，一般在接种后 3~5 天口腔会出现不同程度病变。

病名	与鸽念珠菌病的相似点	与鸽念珠菌病的不同点
鸽毛滴虫病	二者均表现精神萎靡，身体消瘦，羽毛蓬松，食欲减退，下痢明显，甚至会因为腹泻、明显消瘦衰竭而死，口腔内有黏稠分泌物流出，溃疡、潮红，黏膜上有黄白色干酪样物；剖检可见病鸽口腔、喉咙甚至食道覆盖黄白色假膜，肝脏肿大	鸽毛滴虫病的病原是毛滴虫。常发于 1 月龄内的乳鸽，病鸽因口腔有黄色干酪物、咽喉部黏膜破损，造成吞咽和呼吸困难。口腔黏膜上有浅黄色假膜、易剥落，假膜脱落后无明显溃疡灶；而鸽念珠菌病形成的假膜剥离后可见凹陷的溃疡灶。刮取鸽毛滴虫病假膜制作涂片，镜检可看到蝌蚪样小虫体，并且快速游动
黏膜型鸽痘	二者均表现精神沉郁，消瘦，腹泻，少食，口腔黏膜处有干酪样病变，眼睑、口角处出现结痂	黏膜型鸽痘多发于冬季，表现呼吸困难，消瘦；在上呼吸道、口腔和食管部黏膜出现假膜，一般不会波及嗉囊、腺胃，假膜不易剥落、恶臭，撕去假膜则露出出血的溃疡面；同时，体表无羽毛处往往会出现痘痂
鸽维生素 A 缺乏症	二者均表现食欲减退，营养不良，细弱无力，结膜炎，出现流泪、眼睑粘连，手拨开可见白色的干酪样渗出物；剖检可见口、咽、食道黏膜增厚，严重时可见黄白色假膜覆盖	鸽维生素 A 缺乏症的病程表现为渐进性的由轻而重，在喂相同饲料的情况下表现为全群发病；全身症状较为明显，病变主要在眼和口腔，眼明显肿胀，有大量的干酪样渗出物；食道黏膜上有白色的小脓灶，嗉囊黏膜一般无可见病变，肾脏肿大，充斥着大量尿酸盐，成网状结构，输尿管肿胀；饲料中添加维生素 A 后病情会好转

本病没有特异性的防治方法，鸽场应认真贯彻兽医综合防治措施，加强饲养管理，避免鸽群过分拥挤，减少各种应激对鸽群的干扰，改善卫生条件，做好防病工作。鸽舍要通风、明亮、干燥，及时清除粪污，定期用 2% 甲醛或 1% 氢氧化钠溶液进行环境消毒，避免使用发霉的饲料，供给干净、卫生的饮水，垫料应干燥。日光浴能有效预防本病；梅雨季节采取 0.05% 硫酸铜溶液或 0.01% 甲紫溶液饮水，也有助于预防本病。在易发鸽群，也可连续 4 周使用制霉菌素拌料预防，剂量为每千克饲料添加 50~100 毫克，其效果也相当不错。人工喂养乳鸽时选择的输液管材质要好、软硬合适，饲喂动作要轻，以免损伤口腔和食道黏膜。

本病一旦发生，单纯的治疗效果不佳，在治疗的同时应改善饲养管理条件，加强卫生措施，可收到满意效果。平时可定期检查口腔，一旦发现病鸽要及时隔离，并做好消毒工作。对口腔黏膜溃疡灶，涂以碘甘油或 1%~5% 克霉唑软膏，或经口腔往嗉囊中慢慢灌入 3~5 毫升 2% 硼酸溶液或 0.1% 高锰酸钾进行体内消毒。对症状明显的鸽群可在每千克饲料中加入制霉菌素250毫克，连用1~3周，或每只每次20毫克，每天2次，连喂7天；另外，研究表明，在投服制霉菌素时，还需适量补给复合维生素B，对鸽念珠菌病有较好的防治效果。

九、鸽黄癣

鸽黄癣又称冠癣、毛冠癣。本病是由禽头癣菌引起的一种慢性、皮肤性霉菌病。本病的特征是首先在鸽的头部无毛处出现一种黄白色的鳞片状癣，然后蔓延到全身各处的皮肤，并有奇痒感。

病原　本病的病原是禽头癣菌，禽头癣菌可感染家禽、豚鼠、兔和人，具有真菌的一般形态和培养特性，可形成孢子，孢子呈团状排列，有隔膜将菌丝分成一节一节的（节间距离不等），菌丝相互缠绕。在沙保弱葡萄糖琼脂培养基上37℃培养，可长出圆形菌落，开始为白色绒毛状，中央凸而周围呈波沟放射状，最后变成红色环形褶状。

流行特点　本病主要通过皮肤伤口和直接接触感染。病鸽脱落的鳞屑和污染的用具均可使本病广泛传播，吸血昆虫也有一定的传播作用。本病能引起鸡、鸭、鸽等多种禽类发病，鸡和鸽最为易感，各种年龄的鸽均可感染发病，一般呈散发性。饲养密度大、通风不良、鸽舍内阴暗潮湿等会促使本病的发生。本病一年四季均可发生，多见于夏、秋季节。

临床症状　本病主要发生于鸽的头部及头部器官，如眼睛、鼻瘤的周围和嘴角等无毛部位。上述部位起初有一种灰白色或黄色的环状斑点，表面形成鳞屑，好像撒落的面粉，病鸽有痒感，常用爪抓挠，或将患部顶着笼具等物体进行摩擦。以后病变逐渐扩展到颈部甚至全身，发病后期羽毛脱落，皮肤上沉积的鳞屑增厚，形成表面皱缩的结痂（图3-82）。病鸽皮肤痒痛，烦躁，不断走动，精神不振，贫血和逐渐消瘦，后期出现衰弱和产蛋减少，部分病鸽还出现呼吸困难现象（图3-83）。

病理变化　病变主要在体表，如侵入体内，剖检时可见上呼吸道黏膜上形成一种坏死结节和浅黄色的干酪样物，偶尔也可能发生在支气管和肺部，甚至引起口腔、食道、嗉囊和小肠黏膜发生坏死性炎症（图3-84）。

图3-82 羽毛脱落形成结痂

图3-83 呼吸困难

图3-84 小肠黏膜坏死

诊断　　根据临床症状和剖检病变可做出初步诊断，确诊需要进行实验室检查。在玻片上滴1滴10%氢氧化钾溶液，取少许病变皮肤与其充分混合，用酒精灯微微加热，显微镜检查可见断裂的长菌丝、卵圆形的分生孢子。也可将病变组织以点接种法接种于沙氏葡萄糖琼脂培养基上，在27℃培养1~2周，进行菌种鉴别。

类症鉴别

病名	与鸽黄癣的相似点	与鸽黄癣的不同点
鸽痘	两者都会发生在病鸽无毛部位如喙角、眼睑、翅下、趾部等，起初会呈现灰白色斑点，后期发育为灰黄色结节，最后结痂，病鸽精神沉郁，少食，消瘦；剖检可见口腔、食道、小肠黏膜发生坏死性炎症	鸽痘的病原是鸽痘病毒；病鸽眼眶、鼻瘤、口角和爪等无羽毛处出现痘痂，耐受过的病鸽康复期长，大多失去饲养价值；口腔中的假膜难剥离、恶臭，剥离后会留下出血性溃疡灶；病毒鉴定可采用血清中和试验、琼脂扩散试验、血凝试验、PCR试验等
鸽毛滴虫病	二者均表现精神沉郁，采食减少，羽毛松乱，垂头缩脖，两翅下垂，不停地甩头，同时用爪子抓嗉；剖检时可见上呼吸道黏膜上形成浅黄色的干酪样物	鸽毛滴虫病的病原是毛滴虫；鸽毛滴虫病常发于1月龄内的乳鸽，病鸽口腔内充斥大量黏液，口腔黏膜上有浅黄色假膜，嗉囊黏膜往往无可见病变，假膜易剥落，假膜脱落后无明显溃疡灶；刮取假膜制作涂片，镜检可看到蝌蚪样小虫体，并且快速游动
鸽念珠菌病	二者均表现精神沉郁，呆滞，眼睛不愿睁开，羽毛零乱无光泽，无食欲，病鸽眼睑、口角处出现结痂；剖检可见口腔、食道、小肠黏膜发生坏死性炎症	鸽念珠菌病的病原是白色念珠菌；一年四季均可发生，且常发生于1~3月龄的仔鸽，多伴有呕吐，呕吐物呈豆腐渣状；剖检可见病鸽食道和嗉囊的黏膜上发生黄白色的干酪样假膜，剥离假膜后可见糜烂和溃疡

　　本病的发生往往与恶劣环境、鸽抵抗力下降等有关。做好兽医综合防控措施，加强饲养管理，保持鸽舍清洁卫生，避免拥挤、惊吓、受伤等应激的影响，供应优质饲料和清洁饮水，可有效防止本病的发生。

　　一旦发生本病，应尽快隔离病鸽，及时淘汰病重的鸽。病轻的鸽群，加强鸽舍的卫生消毒工作。部分病鸽可局部治疗，先用肥皂水浸软结痂后剥去，用碘酊或碘甘油、复方酮康唑软膏或复方制霉菌素软膏涂于患部，有一定效果。大群治疗时可用 0.5% 五氯酚液药浴，每千克饲料添加制霉菌素 100~200 毫克，能控制本病的蔓延。

第四章

鸽寄生虫病

一、鸽毛滴虫病

鸽毛滴虫病是一种由毛滴虫引起、侵害鸽消化道上段的原虫病。病鸽通常表现为口腔、嗉囊、食道、肝脏甚至其他部位出现坏死性溃疡，常因消化道和呼吸道阻塞、妨碍进食和正常呼吸而导致鸽死亡。乳鸽最易感染发病，感染死亡率高达 80% 及以上。成年鸽感染率较低，可能携带但不表现临床症状。鸽毛滴虫病在夏、秋季常发，无明显季节性。病原主要通过消化道、伤口及未闭合的脐带口进行传播，病鸽是主要传染源。

病原

鸽源禽毛滴虫属于原生动物门鞭毛虫纲动鞭毛亚纲多鞭毛目毛滴虫科毛滴虫属，是真核生物中的一种微小鞭毛单细胞原生动物。鸽毛滴虫活虫体呈椭圆形、圆形或梨形，一般长 5~9 微米、宽 2~9 微米，虫体有的向前或左右运动，有的呈旋转或移位运动或呈布朗运动。虫体表面光滑并分布少许褶皱，具有 4 条游离的前鞭毛，起源于虫体前端毛基体。波动膜发育发达，起始于虫体的前端，终止在虫体后端的稍前方，轴柱延伸出虫体的后缘 3.0~4.1 微米。细胞核呈卵球形，大小为 2.5~3.0 微米，紧靠鞭毛基部下方。轴突由一排微管组成，微管从顶端基体区域延伸至细胞后端。在动物体内，以黏液、黏膜碎片、微生物、红细胞等为食物，并且通过二分裂的方式进行繁殖，约4小时便可增殖1代，1天的虫体繁殖数量可增加100倍。

流行
特点 由禽毛滴虫引起的禽类毛滴虫病在世界各地广泛分布，岩鸽和家鸽是本病的主要宿主。本病主要传播方式为接触传播，感染鸽的口腔、咽喉、食道和嗉囊中均有大量毛滴虫存在，成年鸽可通过喂食传染给幼鸽，青年鸽婚配时也可相互感染，毛滴虫还可通过污染的饮水、饲料、鸽舍环境等媒介进行传播。该病原在湿润的饲料中能存活48小时，健康鸽极易因食用带虫的饲料而感染。本病潜伏期一般为4~14天，病程一般为3~20天不等。毛滴虫对不同品种和年龄段的鸽都具有传染性，但感染率有所不同。乳鸽最易感染发病，感染死亡率高达80%及以上。成年鸽感染率较低，可能携带但不表现临床症状。

临床
症状 一般病鸽会有精神萎靡、身体消瘦、翅膀下垂、羽毛蓬松、食欲下降、腹泻等临床表现。症状是否明显，取决于鸽的抵抗力、感染的虫体数量及虫体毒力。幼鸽发病严重可致死亡，死前口腔黏膜发绀，成年鸽一般为无症状带虫者。目前根据侵害部位，鸽毛滴虫病分为咽型、泄殖腔型、脐型及内脏型4种表现型。

（1）**咽型** 该表现型最为常见，也危害最大。发病初期，鸽咽喉部潮红、充血，口腔内可见浅绿色或浅黄色黏液，时而从口腔流出，严重时散发恶臭味。病鸽因口腔有黄色干酪样物、咽喉部黏膜破损，造成吞咽和呼吸困难。如不及时治疗，病鸽日渐消瘦，甚至窒息死亡。

（2）**泄殖腔型** 病鸽主要表现为精神沉郁，食欲减退甚至废绝，缩头，闭眼，羽毛松乱，呆立，不愿走动，无力抗拒捕捉，排黄色糊状粪，有的在捕捉时粪便失禁。鸽体消瘦，大多仍有饮欲。病鸽泄殖腔狭窄、排泄困难，粪便堆积于泄殖腔，有时粪便带血。翅膀下垂、尾羽拖地，消瘦，最后衰竭而死。

（3）**脐型** 该表现型较少。乳鸽因为出生时脐孔还未愈合，接触到被毛滴虫污染的巢盘或者垫料而感染，病鸽行走困难、精神呆滞、消瘦、脐部红肿形成炎症或肿块，有的发育不良会变成僵鸽。

（4）**内脏型** 直接摄入大量毛滴虫或由前3种表现型发展而来。该型以4周龄内的乳鸽发病率较高，病鸽精神沉郁、消瘦、食欲减退、饮欲增加和下痢。严重者消瘦或死亡。

（1）**咽型**　对死鸽的尸检显示，一般死鸽的嘴角到喉咙黏膜呈弥漫性或局灶性覆盖着黄白色干酪样物质（图4-1），甚至有些延伸至一些病鸽的食道上部（图4-2），形成黄白色假膜，该膜易剥离。

（2）**泄殖腔型**　小肠轻度充血、肿胀，内容物呈黄色糊状，肠系膜血管明显充血、呈深红色，直肠和泄殖腔有黄白色大小不一的结节，该结节难以剥离。

（3）**脐型**　脐部肿块切开有干酪样病变或溃疡型病变。

（4）**内脏型**　该型病变发生在消化道、肝脏及肠道。侵害消化道时，与咽型病变类似。侵害肝脏时，肝脏出现黄色圆形病灶（图4-3、图4-4）。侵害肠道时，肠道臌气、黏膜增厚。

图4-1　嘴角覆盖着黄白色干酪样物质

图4-2　食道上部有黄白色干酪样物质

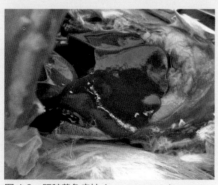

图4-3　肝脏黄色病灶1

图4-4　肝脏黄色病灶2

鸽毛滴虫病可根据临床症状进行初步诊断，确诊需要进行实验室检查。

（1）**显微镜镜检**　用无菌湿润棉签采集鸽口腔或嗉囊内容物，在显微镜下直接涂片观察是否有活的毛滴虫虫体进行确诊，是毛滴虫检测常用的方法。可通过毛滴虫的梨形形态、具有鞭毛及典型的滚动运动的波动膜进行分辨。但该检测方法灵敏度较低，如果检测样本较少便很难检测出毛滴虫虫体，容易漏检、错检。

（2）**虫体体外培养**　体外培养增殖棉拭子提取物观察虫体的形态诊断鸽毛滴虫病的方法优于直接涂片镜检，但体外培养需要一定时间，较为耗时、耗力，若提取物杂物较多，虫体可能会在培养过程中死亡而无法准确诊断，实际操作中仍存在较多不便。血清是毛滴虫体外培养的关键物质，最适 pH 为 6.5，毛滴虫在无菌的 199 培养基、TYM 培养基、霍兰德流体培养基中均可生长，经过无菌化和优化，毛滴虫在有氧和厌氧条件下均能无性繁殖。

（3）**分子检测法**　PCR 反应检测方法比显微镜检查更准确，虫体量较少的样本仍可检测。目前常用的分子标记有 ITS1-5.8S-ITS2、18S rRNA、铁氢化酶（Fe-hyd）基因序列等。

利用在体外培育的毛滴虫制备的全虫灭活疫苗，可以促进机体形成抗体，从而提高抵抗力，增强保护功能，且通过第 2 次免疫可以得到更良好的保护率，从而减少感染率和死亡率。

毛滴虫的散发性通常呈隐形过程，多造成鸽贫血、消瘦、精神不振等症状，不同于传染性疾病的发展迅速等特点。所以在饲养过程中，应该定期检查鸽口腔，及时采取措施。在 20~25℃环境下，毛滴虫可存活 3~7 天；在 4~8℃时则可存活 14~18 天；但该病原对高温和消毒药的抵抗力较弱，在 55℃下 2 分钟即死亡，在 3%~5% 氢氧化钠溶液、石灰乳、来苏儿、新洁尔灭等常用消毒药中很快死亡，可用于器具、环境消毒。日常管理至关重要，做好防疫措施，提高鸽生活质量的同时，还能有效降低鸽传染性疾病的发生，降低经济损失。

甲硝唑、替硝唑、地美硝唑等硝基咪唑类药物是抗毛滴虫的首选药物，但长期使用会产生耐药性，还会产生药物残留，出现致癌、致基因突变等副作用，威胁人类健康。2002 年农业部颁布的"第 193 号文件"中已经明确标出禁止将甲硝唑、地美硝唑及其盐、酯及制剂应用于任何动物源性食品的生产。

许多研究发现中药是很有潜力的防治鸽滴虫病的植物治疗剂。例如，50毫克/千克体重的青蒿精油、天竺葵的生物活性成分、50毫克的蛇床子素微囊、100毫克/只和60毫克/只大蒜素和茜草素组合添加剂、骆驼蓬生物碱等中药可在3~5天的时间内降低鸽场毛滴虫感染率或治愈病鸽，效果与甲硝唑相近，可完全代替甲硝唑。另外，益生菌代谢物和益生元（如乳酸菌、酵母菌、芽孢杆菌、双歧杆菌等）应用于肉鸽养殖，有助于维持并促进机体菌群平衡，提高机体免疫力和抗病力。

二、鸽球虫病

鸽球虫病是由一种或多种艾美耳属球虫寄生于鸽小肠内所引起的一种重要而常见的专性细胞内寄生虫病。几乎所有的鸽均是带虫者，并能长期从鸽粪排出致病性卵囊。幼鸽感染后死亡率可达15%~70%，3~4月龄青年鸽也可能发生死亡，成年鸽感染可长期处于亚临床症状。病鸽出现羽毛蓬乱，精神沉郁，食欲减退，绿色腹泻，明显的脱水和消瘦，急性感染时粪便可能带有血色，鸽通常所谓体重"变轻"往往是由球虫感染引起。本病主要通过粪便污染传播，无明显季节性，但梅雨季节常多发。

本病的病原多为艾美耳属球虫。目前寄生于鸽肠道的球虫有拉氏艾美耳球虫、鸽艾美耳球虫、杜氏艾美耳球虫、卡氏艾美耳球虫、原鸽艾美耳球虫、温氏艾美耳球虫、顾氏艾美耳球虫及韧带艾美耳球虫8种，其中以拉氏艾美耳球虫和鸽艾美耳球虫最常见。拉氏艾美耳球虫的卵囊为椭圆形，大小为（18.2~21.8）微米×（16.8~19.7）微米；鸽艾美耳球虫的卵囊为近圆形，大小为（14.4~18.2）微米×（13.2~16.1）微米。

球虫的生活史属于直接发育型的，不需要中间宿主。通常经历裂殖生殖、配子生殖和孢子生殖3个阶段。鸽摄入具有感染性的孢子化卵囊后，卵囊破裂并释放出孢子囊，后者又进一步释放出子孢子。子孢子侵入肠上皮细胞进入裂殖生殖（无性生殖）阶段，在经历2~4代的裂殖生殖后，进入配子生殖（有性生殖）阶段，小配子体发育成熟后，释放出大量的小配子；小配子与成熟的大配子结合（受精）形成合子，并进一步发育为卵囊。卵囊随粪便排出体外，刚排出体外的新鲜卵囊未孢子化，不具有感染性，它们在温暖、潮湿的土壤或饲料中进行孢子生殖，经分裂形成成熟的子孢子，只有发育成孢子化卵囊后才具有感染性。

鸽球虫病在鸽场普遍存在，几乎所有成年鸽都是球虫带虫者，可长期随粪便排出卵囊，但绝大多数带虫鸽几乎无明显症状，只有少数才表现临床症状。本病主要通过粪便污染传播，一年四季均有发生，在春季多发，各种日龄鸽均可感染，以4月龄内幼鸽相对易感。

临床上主要有急性型和亚临床型2种类型。急性型常见于乳鸽或幼鸽，表现精神委顿，消化不良，嗉囊积液，眼球凹陷，排出带黏液并有恶臭味的水样稀粪（图4-5），有时排出带血稀粪（图4-6），泄殖腔口附近羽毛不干净，病程为5~10天，严重的病鸽出现衰竭而死亡。亚临床型多见于成年鸽或者病愈鸽，临床表现的症状较轻微或者不明显，有些只有轻度的下痢和消瘦症状，很少出现死亡。

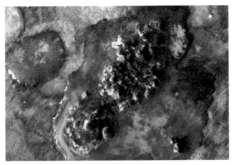
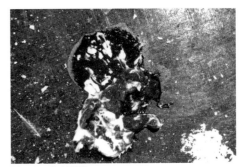

图4-5　水样稀粪　　　　　　　　　　　图4-6　带血稀粪

急性型病例剖检可见小肠膨大，肠内容物呈绿色或黄褐色，肠黏膜充血、出血、坏死，肝脏肿大，有时可见肝脏表面有坏死点，有些病例在盲肠也出现炎症肿大。亚临床型剖检无明显的病理变化，有时可见小肠膨大病变。

对于典型病例，可采集鸽粪或肠内容物直接镜检，检出球虫卵囊即可确诊。对于非典型病例或隐性感染病例，需采集鸽粪采取饱和盐水漂浮集卵后镜检，检出球虫卵囊可确诊。关于球虫类型，需要对集卵后的卵囊加2.5%重铬酸钾溶液并于27℃培养箱培养2~5天后，根据卵囊的大小、形态结构、孢子化时间，以及孢子囊、子孢子的大小和形态结构来判断。在临床上，鸽球虫病可以单独发生，也常与其他疾病（如蛔虫病）共同发生。此外，也常出现2种或2种以上不同种类的球虫共同感染。此外，在症状上，鸽球虫病还需要与其他导致腹泻的有关疾病（如大肠杆菌病、沙门菌病）

进行鉴别诊断。

预防
措施 肉鸽场要规范鸽舍的建设和布局，平时要做好鸽舍的卫生清洁，每天及时清理鸽粪，定期对鸽舍、饲槽、用具进行消毒，保持鸽舍和笼架干燥，要尽量采用笼养或网上饲养，避免鸽直接接触地面。在本病高发期间，可定期采用抗球虫药进行预防。

治疗
方法 目前市场上尚无鸽球虫病疫苗使用，主要采用药物治疗。用于治疗鸽球虫病的药物有很多，可以选用磺胺间甲氧嘧啶钠（按 0.005% 比例拌料，连喂 2~4 天）、地克珠利（按 0.0001% 比例拌料或饮水，连喂 3~4 天）、磺胺氯吡嗪钠（按 0.01% 比例饮水，连喂 3~4 天）、氨丙啉（按 0.025% 比例拌料，连喂 3~4 天）、常山酮（按 0.0003% 比例拌料，连喂 3~4 天）、氯羟吡啶（按 0.025% 比例拌料或饮水，连喂 3~4 天）；用药后间隔 10~15 天，还需要重复用药 1~2 个疗程。

三、鸽蛔虫病

鸽蛔虫病是由鸽蛔虫引起的一种寄生虫病。

病原 鸽蛔虫属线虫纲蛔虫目，是鸽体内最大的寄生线虫。成虫呈浅白色、圆柱形，两端狭小；雌虫长 42~45 毫米，雄虫长 25~65 毫米。虫卵呈椭圆形，大小为（64~70）微米 ×（45~48）微米，深黑色，卵壳厚而光滑，耐寒怕光，对多种化学消毒药抵抗力很强，但经阳光照射 1~2 小时、沸水处理或堆积发酵均会死亡。

流行
特点 每条成虫能产上千个虫卵，虫卵随粪便排出体外后，可通过污染人的鞋底、用具、饲料、保健砂和饮水等方式，被鸽食入而感染。本病一年四季均可发生。不同日龄鸽均可感染，其中 2~4 月龄鸽较易感。虫卵对外界环境和消毒药的抵抗力较强，但对干燥和高温（50℃以上）较敏感。

临床
症状 鸽蛔虫可感染各种年龄的鸽，临床症状的轻重与鸽感染蛔虫的数量有关。轻度感染的鸽兴奋性降低，飞翔时间短，易疲劳，食欲尚好，但肌肉发育不良，喜欢啄羽毛和异物。重度感染的鸽体重下降，黏膜苍白，羽毛生长不良，有时粪便带血甚至带有蛔虫成虫。其中幼鸽易感染本病，主要症状表现为生长发育缓慢，体重减轻，明显消瘦，常呆立不动，羽毛松乱，精神沉郁。严重感染的鸽则便秘和下痢交替进行，粪便里偶见红色血液，有的出现神经症状，即歪脖扭头、间断性抽搐，最后逐渐衰竭死亡。

病理变化

剖检病死鸽，可在小肠内发现大量鸽蛔虫成虫（图 4-7）。有时，鸽蛔虫可从小肠移行到腺胃和肌胃交界处（图 4-8），个别病例还可通过小肠壁移居到鸽体内其他内脏器官，解剖时均能发现。肉眼可见小肠黏膜损伤，肠壁变薄，破坏黏膜及肠绒毛，造成出血和炎症，易引起细菌的继发感染，由此引起肠壁的化脓灶和结节。

图 4-7　鸽蛔虫成虫

图 4-8　鸽蛔虫移行

诊断

通过剖检，在鸽小肠内检出蛔虫可确诊；也可采用直接涂片检查法或饱和食盐水法，在粪便中检出鸽蛔虫的虫卵即可确诊。

预防措施

首先要注意鸽舍周围环境卫生，及时清理粪便，保持干燥，推广笼养，不同日龄的鸽需要分开饲养，避免交叉感染。一般每 2 个月要对鸽群进行 1 次集中预防驱虫，药物用量可在治疗用量基础上减半使用。

治疗方法

（1）哌嗪　每次每只喂服半片或按每千克体重 200~300 毫克喂服，连用 2 天，在驱虫的同时，还应在次日清除粪便。

（2）盐酸左旋咪唑　驱虫效果最可靠，每次每只喂服半片（每片 25 毫克）或按每千克体重 25 毫克，晚上喂服。轻者 1 次，重者 2 次。幼鸽群平均 3 个月驱虫 1 次；信鸽群在开赛前驱虫 1 次，赛季结束封棚饲养时驱虫 1 次。

（3）左旋咪唑　按每千克体重 40~50 毫克喂服。

（4）丙硫苯咪唑（阿苯达唑）　按每千克体重 10~20 毫克喂服，早晨空腹口服，也可拌于当天 1/3 的饲料中食用。

（5）0.1% 敌百虫消毒液　驱虫后第 2 天及时清除粪便，用 0.1% 敌百虫溶液消毒鸽舍并及时给鸽补充维生素 A。1 次驱虫不一定彻底驱净，应隔 1 周再驱 1 次。在驱虫后还应增加饲料营养，多补充维生素，特别是维生素 A 和维生素 D（AD$_3$ 粉），补充鱼肝油，尽快医治肠道创伤，以促进损伤的肠黏膜的修复再生。

四、鸽血变原虫病

鸽血变原虫病是孢子纲疟原虫科鸽血变原虫侵入鸽红细胞内而引发的一种血液原虫病。由于鸽感染后红细胞破裂，血变原虫裂殖子和代谢产物及红细胞碎片释入血液，从而引起鸽全身不适，出现高热、贫血、消瘦等。一年四季均可发生，吸血昆虫是主要传播媒介，如鸽虱、蝇、蠓等。在吸血昆虫滋生期，如夏、秋季节，最易发生本病的传播与流行。

鸽血变原虫病的病原为鸽血变原虫，其终末宿主为鸽、火鸡等禽类，中间宿主是鸽虱、蝇和蠓等吸血昆虫。

血变原虫生活史分为无性生殖和有性生殖 2 个阶段。无性生殖的裂殖生殖在内脏器官的内皮细胞进行，先在鸽肺泡的中隔血管内形成裂殖子，这些裂殖子侵入红细胞中形成配子体，由多个小环状变成 1 个长条状，再由配子体发育成雄、雌配子体，配子体呈香蕉状，围绕在宿主细胞核周围，被寄生的红细胞胞质中出现色素颗粒，雄配子体比雌配子体狭长。有性生殖的配子生殖及无性生殖的孢子生殖，均在第 2 宿主即鸽虱、蝇和蠓等吸血昆虫的体内完成。在蠓体内孢子生殖需要经 6~7 天完成，在虱、蝇体内孢子生殖需要经 7~14 天完成。当第 2 宿主通过吸食鸽的血液而一并吸入配子体时，雄、雌配子体在这些吸血昆虫的肠道中结合为合子，合子进入第 2 宿主的唾液中，在第 2 宿主叮咬鸽时感染鸽。可见鸽虱、蝇和蠓等昆虫对本病起着主要的传播作用。血变原虫感染的特征：裂殖生殖发生在内脏器官的内皮细胞里，配子体发育于红细胞内；在被寄生的红细胞里出现色素颗粒。

鸽血变原虫病主要是通过吸血昆虫和接触感染等途径传播。常见的鸽虱、蝇、蠓等，将病鸽血液中的配子母体吸入其体内，经发育繁殖成孢子体进入鸽虱、蝇、蠓唾液腺内，当鸽虱、蝇、蠓叮咬健康鸽时，孢子体随唾液进入鸽体而发病。尤其是在夏、秋季节，鸽虱、蝇、蠓等吸血昆虫繁殖快，发病率往往高于冬季。其次为接触性感染，被疟原虫污染的水源、土壤及青绿饲料、鸽场、鸽巢等，尤其是产蛋鸽，频频呆巢，容易受栖巢虱、蝇叮咬而发病。

临床
症状

幼鸽表现为急性经过，表现精神、食欲不振，头缩羽松，贫血消瘦，呼吸加快或张口呼吸，部分病鸽体温偏低，数日内死亡。成年鸽感染本病时，一般症状不明显，经数日可自行恢复；有的可转为慢性，表现为抗病力、繁殖力下降，不愿孵化和哺育乳鸽、贫血、消瘦、体质衰弱等。

病理
变化

剖检可见血液凝固不良，心肌出血（图4-9），肌胃增大，肺水肿，肝脏、脾脏、肾脏肿胀和硬化（图4-10~图4-12）等病变。

图4-9　心肌出血

图4-10　肝脏肿胀

图4-11　脾脏肿胀

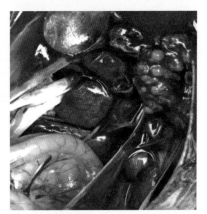

图4-12　肾脏肿胀

诊断 本病单凭临床表现和剖检变化难以做出诊断。应取病鸽或刚死不久的鸽的血液抹片进行吉姆萨染色，显微镜检查，若见红细胞内有香肠状的配子体可确诊；或取病鸽肺制成组织切片镜检，若见肺泡中隔内皮细胞增大，其中有若干多核体，也可诊断为本病。但前者较简易、准确。在诊断过程中还得注意有无其他疾病混合感染。

预防措施 加强饲养管理，保持环境的清洁卫生，中断血变原虫的生活史，彻底消灭传播媒介吸血昆虫等，避免传播。在保健砂中加入5%的青蒿全粉可有良好的预防作用。

治疗方法 乙胺嘧啶（每片含6.25毫克），每片喂4~5只鸽，每天1次，首次剂量加倍，连用4天，也可按照每千克饲料添加4毫克，让病鸽采食。同时配合使用5%~8%的青蒿保健砂，直到病原彻底消灭。

五、鸽弓形虫病

鸽弓形虫病是由弓形虫引起的一种人兽共患寄生虫病。鸽感染后往往症状不明显或无临床症状，但有时也可引起严重发病和大量死亡。

病原及生活史 鸽和其他宿主的弓形虫病都是由龚地弓形虫引起的。弓形虫的终末宿主是猫科动物。它们排出卵囊感染中间宿主，并在中间宿主中互相传播。卵囊对常用的一些除污剂、酸、碱具有很强的抵抗力，氨水、干燥和55℃以上高温可杀死卵囊。

在中间宿主中，弓形虫可发育成滋养体和包囊2种形态。包囊又分为真包囊和假包囊。滋养体往往单个游离于组织、血液中，也出现于鸽红细胞内。游离的滋养体可从一个细胞扩散到另一个细胞，也可在一个宿主细胞内聚集多个滋养体，这种称为假包囊。在慢性病例中，滋养体还可发育成真包囊（内含缓殖子），它是分裂前的虫体，存在于宿主的脑、心、眼和骨骼肌中。包囊可终生存在于宿主中，当宿主的免疫力下降时，缓殖子从包囊释放出来，重新繁殖成滋养体。

流行特点 弓形虫的终末宿主是猫科动物，中间宿主为63种以上禽类、27种哺乳动物和爬虫类。鸡、火鸡、鸭和多种野禽可发生自然感染。弓形虫的滋养体和包囊可通过食物链而传播，含子孢子的卵囊通过污染传播，食粪昆虫（如蝇和蟑螂）和吸血昆虫也可成为本病的传播者。

鸽可自然发生弓形虫病，且往往呈地方流行性。各种年龄的鸽均可感染，但主要发生于青年鸽。

临床症状

一般病鸽症状轻微而不易察觉，但也有特别严重的急性型病例。病鸽精神不振，食欲减退甚至废绝，体重减轻。常独自蹲坐，翅下垂，不爱活动，若强迫其行走，则步态蹒跚，容易倒地。眼半闭，结膜发炎或水肿，流泪；鼻腔分泌物增多，呼吸困难。腹泻，粪便呈灰白色或灰绿色（图 4-13）。严重者出现神经症状，表现为阵发性抽搐、痉挛，扭头歪颈（图 4-14），继而发展为渐进性麻痹直至死亡。

图 4-13　排灰绿色粪便　　　　　　　　　图 4-14　扭头歪颈

病理变化

弓形虫主要侵害中枢神经系统，但有时也侵害生殖系统、骨骼肌和内脏器官。剖检可见各内脏器官瘀血、肿胀，严重的可见点状出血及小点坏死。常见肝脏、脾脏肿大，有的在肝脏、脾脏上有白色坏死小结节（图 4-15）。另外，可见心包炎、心肌炎、

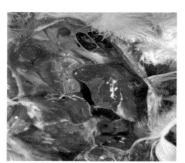 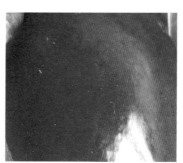

图 4-15　肝脏肿大，表面有白色坏死小结节

溃疡性肠炎，肺充血。鼻黏膜、口腔黏膜、眼结膜、眼睑、眼球外肌群、巩膜、脉络膜、脑垂体、舌头、硬腭等充血、出血，甚至出现坏死性炎症。

诊断

通过流行病学、临床症状和剖检病变可怀疑有本病的存在，如镜检发现虫体，便可确诊。还可通过血清学方法和 PCR 方法诊断。

（1）镜检虫体法　取病死鸽的脑或肝脏、脾脏、肺组织，触片或涂片，也可用体液涂片，自然干燥后，滴加甲醇固定，待干后进行吉姆萨染色，置 400 倍显微镜下观察，查看是否有弓形虫包囊（内含香蕉状或月牙形滋养体）。

（2）鸡胚接种法　本法是最可行的实验室诊断方法。取病死鸽的脑或肝脏、脾脏、肺组织制成生理盐水混悬液，经双抗（青霉素、链霉素各 1000 国际单位 / 毫升）处理后，接种到 9~12 日龄鸡胚绒毛尿囊腔中，每只 0.1 毫升。若有弓形虫生长，鸡胚在 4~10 天死亡。绒毛尿囊膜和羊膜有无数黄白色、0.5~3 毫米大小的斑块，鸡胚的皮肤和内脏可见出血，有结节性病变。取胚膜涂片染色，镜检可见大量弓形虫。

预防措施

预防本病首先是加强饲养管理，以消除感染性速殖子和卵囊的来源，包括对种鸽、啮齿类、食粪节肢动物和猫的控制。凡从外界引进种鸽，必须隔离饲养观察 1 个月，经检疫证明无本病再合群。在鸽舍内不能饲养家畜、家禽，做好防鸟、防鼠工作，特别要禁止终末宿主（野猫、家猫）进入鸽场。定期消毒，以杀灭环境中的滋养体、卵囊等。

治疗方法

发病时全群进行药物预防，病鸽隔离治疗。磺胺甲基嘧啶、磺胺间甲氧嘧啶、磺胺二甲嘧啶、磺胺对甲氧嘧啶、螺旋霉素、四环素对本病有很好的疗效。生产上常用复方磺胺甲氧嘧啶治疗，以 400 克 / 吨拌料或每只鸽每天 0.05 克，连用 3 天，停药 2 天，再用药 3 天。

六、鸽毛细线虫病

鸽毛细线虫病是由寄生于鸽小肠前半部的毛细线虫引起的鸽较普通的蠕虫病。除在鸽中寄生外，也可寄生于斑鸠、火鸡的小肠内。

病原

本病的病原是鸽毛细线虫，属线虫纲毛首目毛首科。雄虫的成虫长 7~13 毫米，雌虫的成虫长 10~18 毫米。虫卵呈微棕色、柠檬状，卵壳厚，卵壳上有网状纹理，两端各有一透明的结节。

流行
特点
带虫的鸽是本病的传染源，不用中间宿主，可直接通过病鸽粪便传播。除感染鸽外，还可感染斑鸠、火鸡等禽类。各种日龄的鸽均可感染，以2月龄以上的鸽多见。

临床
症状
雏鸽患本病一般无明显症状。严重感染时，病鸽表现精神沉郁，食欲废绝，大量饮水，羽毛松乱，低头闭目（图4-16），消化紊乱。开始时呈间歇性下痢，继而呈稳定性下痢，随后下痢加剧，或排出红色黏液样粪便（图4-17）。还出现皮肤干燥和贫血严重。病鸽很快消瘦。重症雏鸽1周后严重脱水，昏迷衰竭死亡。轻微感染的鸽，仅在生产性能方面稍有影响。

图4-16　低头闭目

图4-17　排出红色黏液样粪便

病理
变化
剖检可见由于毛细线虫在肠壁内穿行，并分泌溶肠组织的物质，造成肠道严重炎症和出血，肠壁增厚，内有较多积液。病程长的变成黄白色小结节以至坏死，形成假膜（图4-18），有异臭味。用小刀小心刮下肠或嗉囊的黏膜，置于有生理盐水的器皿中，可发现比头发还细、长约7毫米、颜色与黏膜相同的小虫体。

诊断
根据临床症状、剖检病变可以做出初步诊断。确诊必须进行实验室诊断，即采集小肠或嗉囊的黏膜，进行镜检，可发现比头发还细的小虫体。

预防
措施
1）搞好鸽舍的环境卫生，尤其要及时清除粪便，食槽、饮水器每天要清洗且定期消毒，饲料要存放在清洁干燥的容器中。
2）要喂食足够的保健砂，避免鸽采食沙土。

图 4-18　肠壁增厚形成假膜

3）定期驱虫，一般雏鸽 2~3 个月驱虫 1 次，成年鸽或种鸽在驯放前半个月驱虫 1 次。驱虫时要增加饲料营养成分，尤其是要添加多种维生素和鱼肝油。

（1）盐酸左旋咪唑　按每千克体重 24~30 毫克口服，必要时，隔天再重复 1 次。

（2）甲氧苄啶　按每千克体重 200 毫克口服，或饮水中含 0.2%~0.4% 甲氧苄啶，饮服 24 小时；或按每千克体重 25 毫克，用蒸馏水配成 10% 水溶液，每次 1 毫升注射颈部皮下，驱虫效果较好。

（3）噻咪唑　按每千克体重 40 毫克配成水溶液，供鸽饮用，疗效较好。

七、鸽绦虫病

鸽绦虫病是由多种绦虫寄生于鸽的小肠引起的蠕虫病。本病是一种常见的肠道寄生虫病。放养鸽比笼养鸽更易发生，能大群发病和引起死亡，对养鸽业危害较大。

病原及
生活史

本病的病原较多，最常见的有节片戴文绦虫和四角瑞利绦虫，绦虫呈扁平带状、乳白色，雌雄同体，体长为 0.05~25 厘米。虫体是由头节、颈节、体节 3 部分组成，头节位于虫体的最前端，略膨大，呈圆形或球形，头节上有 4 个吸盘。节片的多少与种类有关，由前往后逐渐增大，按照成熟程度的不同称作未成熟节片（幼节）、成熟节片（成节）和孕卵节片（孕节），距颈节越远的节片越成熟。孕节子宫分裂为许多卵囊，每个卵囊内含有 1 个虫卵。绦虫没有体腔，也没有消化器官，依靠体壁皮层外的微绒毛吸收营养。

节片戴文绦虫寄生于鸽十二指肠内，四角瑞利绦虫寄生于鸽的小肠下半段，从鸽的肠道内容物中吸取营养物质和排出有害产物，使鸽的消化吸收功能紊乱。同时每天都有 1 个或数个孕卵节片从虫体的后端脱落，随鸽粪便排出体外成为传染源。

绦虫的发育过程一般要有 1~2 个中间宿主的参与才能完成。节片戴文绦虫的中间宿主是蛞蝓和陆地螺等软体动物，而四角瑞利绦虫的中间宿主是蚂蚁。孕节或虫卵被中间宿主吞食，卵囊在消化道内溶解，六钩蚴逸出，钻入体腔，在中间宿主体内经 2~3 周发育为具有感染性的似囊尾蚴。

流行特点

鸽吃下含似囊尾蚴的中间宿主后感染，约经 2 周发育为成虫，并能见到孕卵节片随粪排出。似囊尾蚴在中间宿主体内 11 个月仍有感染性，成虫在鸽体内生存时间可达 3 年之久。本病几乎遍及世界各地，对雏鸽危害尤其严重。

临床症状

雏鸽对绦虫的感染率较高。轻微的绦虫感染，一般无临床症状。严重的病鸽表现精神委顿，羽毛失去光泽且粗细不整，发育受阻，站立不稳，居于一角，高度衰弱与消瘦。经常发生腹泻，粪便呈黏液状或泡沫状，有时带血，粪中常有脱离的绦虫节片，呈方形或长方形，白色不透明（图 4-19）。有时从两腿开始麻痹，逐渐波及全身，最后死亡。有的还会继发营养缺乏症和其他肠道疾病，致使症状更明显。

图 4-19　绦虫节片

病理变化

剖检可见肠管内有大量黏液，呈恶臭味，黏膜黄染。肠黏膜增厚、出血和有结节，结节中央凹陷，内有虫体或黄褐色凝乳样栓塞物，有的形成疣状溃疡，有的见有成团的虫体（图4-20），严重的可形成肠阻塞，甚至出现肠破裂而引起腹膜炎。

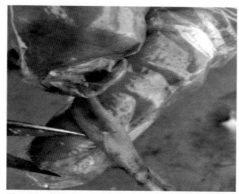

图4-20　绦虫

诊断　本病根据临床症状、剖检病变和剖检时在肠道观察到虫体，结合水洗沉淀法检查粪便发现白色米粒样的孕卵节片或镜检发现大量绦虫的虫卵，可确诊。

预防措施　预防本病应将雏鸽与商品鸽、种鸽分开饲养，及时清除粪便，并堆积发酵。尤其要注意鸽舍周围环境卫生的改善，及时清除鸽场周围的污物杂草和乱砖瓦砾，填平低洼潮湿地段，以减少甚至消灭蚂蚁等中间宿主。定期用杀虫剂喷洒鸽舍，以杀灭中间宿主。放养鸽群定期驱虫，每年至少1~2次，驱虫药物可选用氯硝柳胺（灭绦灵）、吡喹酮等。

治疗方法
（1）**槟榔片**　按每只1克或按每千克体重1~1.5克，煎汁后早上空腹灌服，根据病情轻重4天后再服1次。
（2）**甲苯咪唑**　按每千克体重30毫克拌料，1次饲喂，3天后再重复用药1次。
（3）**丙硫苯咪唑（阿苯达唑）**　按每千克体重20毫克拌料，1次饲喂，4天后再重复用药1次。
（4）**吡喹酮**　按每千克体重15~20毫克拌料，1次饲喂，1周后再重复用药1次。
（5）**石榴皮、槟榔片**　石榴皮、槟榔片各100克，加水1000毫升，煮沸1小时，约剩800毫升，水煎剂用量为20日龄以内雏鸽每只1毫升，20~30日龄的每只1.5毫升，30日龄以上的每只2毫升，2天内喂完。

八、鸽棘口吸虫病

鸽棘口吸虫病是由卷棘口吸虫引起的肠道寄生虫病，多发生于放养鸽，对雏鸽危害较大。

病原及生活史

本病的病原为卷棘口吸虫，虫体呈长叶状、浅红色，中等大小（长 7.6~12.6 毫米、宽 1.26~1.60 毫米），体前端有头领，其上有 1~2 列头棘，虫体前体部不发达，生有 49 个短棘。口、腹吸盘相距较近，口吸盘小于腹吸盘，虫体在腹吸盘的角皮上覆盖小刺。虫卵较大，呈椭圆形、浅黄色，壳薄，虫卵稍尖的一端有卵盖。

卷棘口吸虫的发育需要 2 个中间宿主，第 1 中间宿主和第 2 中间宿主主要为淡水螺类如椎实螺或扁卷螺。虫卵随鸽等终末宿主的粪便排出体外，31~32℃条件下只需 10 天即可在水中孵出毛蚴，毛蚴钻入第 1 中间宿主淡水螺后发育为胞蚴、母雷蚴、子雷蚴、尾蚴。成熟的尾蚴离开螺体，游于水中，遇第 2 中间宿主后，钻入其体内，尾部脱落而形成囊蚴。也有成熟尾蚴不离开螺体，直接形成囊蚴的。鸽入食了含有囊蚴的第 2 中间宿主而感染。囊蚴进入鸽消化道后，经 16~22 天发育为成虫。

流行特点

不同品种和不同年龄的鸽都可以感染卷棘口吸虫，卷棘口吸虫除可侵袭鸽和其他家禽外，也可侵袭猪、猫、兔等哺乳动物和人。

卷棘口吸虫分布广泛，尤其在长江流域及其以南地区较为多见，对雏鸽的危害较大。本病可全年发生，6~8 月为发病高峰期。

临床症状

本病一般来说危害并不严重，但对雏鸽的危害较为严重。由于虫体的机械性刺激和毒素作用，使鸽的消化功能发生障碍。病鸽表现食欲不振，消化不良，下痢，粪便中带有黏液和血丝，贫血，消瘦，生长发育受阻，最后由于极度衰竭而死亡（图 4-21）。成年鸽体重下降，母鸽产蛋率下降。

病理变化

卷棘口吸虫寄生于鸽的小肠和大肠，剖检时可见肠道有出血性肠炎（图 4-22），直肠和盲肠黏膜上附着有许多浅红色的虫体，引起肠黏膜损伤和出血。

诊断

根据临床表现和剖检变化，结合实验室检查可做出诊断。实验室检查可采用粪便直接涂片、水洗沉淀法检查虫卵 2 种方法。

图 4-21 极度衰竭而死亡　　　　图 4-22 肠道有出血性肠炎

预防措施　现代化封闭饲养管理的鸽场很少发生卷棘口吸虫感染。本病多发生于放养鸽。预防本病的主要措施是控制或消灭中间宿主。鸽场选址应避开卷棘口吸虫的流行区域，尽可能远离河流和沼泽地。在本病的流行地区，可有计划地定期驱虫，驱出的虫体和排出的粪便应严格处理，最好采取堆积发酵法杀灭虫卵，从根本上杜绝传染源。

治疗方法

（1）**丙硫苯咪唑（阿苯达唑）**　按每千克体重 20~25 毫克，1 次口服。

（2）**氯硝柳胺**　按每千克体重 100~150 毫克，1 次口服。

（3）**吡喹酮**　按每千克体重 10~15 毫克，1 次口服。

（4）**槟榔煎剂**　槟榔粉 50 克，加水 1000 毫升，煎半小时后约剩 750 毫升，然后用纱布滤去药渣，按每千克体重 7.5~11 毫升，空腹灌服。

九、鸽虱病

鸽虱是鸽体表的永久性外寄生虫，具有严格的宿主特异性，以鸽的羽毛和皮屑为生，有时也吸血，引起鸽奇痒，造成羽毛断折，严重时会啄伤皮肤，给养鸽业造成较大的经济损失。

病原及生活史　鸽虱有细长鸽虱、金黄羽虱、小羽虱、大体虱和狭体虱等 10 多种。主要食羽毛或皮屑，有时也吸血。其特征是头部的腹面上具有咀嚼型的上颚。鸽虱形态多样，大小不同，如细长鸽虱呈长条形，金黄羽虱呈宽圆形。鸽虱体形微小，体长 0.5~10 毫米，分为头、胸、腹 3 部分（图 4-23）。头近似三角形或圆形，复眼退化，无单眼。触角短。口器为咀嚼式，有 1 对骨化很强的上颚。前胸独立，中、后胸独立或相互愈合。背腹扁平，呈白色、浅黄色或褐色。体壁坚韧，无翅，善于爬行。雌、雄性生殖孔均开口于体壁内陷而成的腔室中。雌虫无产卵器，雄虫的阴茎结构复杂，变化多样，是鉴别的主要特征之一。

图 4-23　羽虱

鸽虱发育过程包括卵、若虫和成虫 3 个阶段，为不完全变态，整个发育期均在鸽的体表进行。鸽虱产的卵常集合成块，通常成簇附着于羽毛上，依靠鸽的体温孵化，经 5~8 天变成幼虱，在 2~3 周经 3~5 次蜕皮而发育为成虫。成虫可产卵，常 1 年多代，且世代重叠。1 对虱在几个月内可产 12 万只卵。

流行特点

鸽虱是永久性寄生虫，终生都在鸽体上，虱卵附着在羽毛上。鸽虱的传播主要是通过鸽之间的直接接触传播，或通过鸽舍、饲养用具和垫料等间接传播。

鸽虱广泛存在，是鸽场的常见病。在丘陵地区的较低洼地区感染程度严重，产蛋鸽较肉仔鸽感染相对严重，常水浴的鸽较少感染。鸽虱的繁殖与外界环境无关，一年四季均可发生，且冬季较为严重。

临床症状

鸽虱（图 4-24）主要啃食羽毛基部的保护鞘、细羽毛、羽毛细枝、皮屑等，同时刺激神经末梢，引起鸽奇痒，使鸽不安、食欲下降、体质衰弱，导致消瘦、营养不良和母鸽产蛋率下降等；瘙痒严重时，鸽频繁搔痒，用嘴啄痒处，使羽毛不整齐甚至断裂（图4-25），羽粉减少，严重时常啄伤皮肤而出血，甚至因皮肤破损而引起皮肤炎症、化脓，严重的也会出现死亡。

图4-24　鸽虱　　　　　　　　　图4-25　羽毛断裂

诊断
鸽虱肉眼可见，病鸽瘙痒不安，羽毛发生磨损、断裂，甚至脱落，诊断相对容易。检查羽毛，发现鸽虱或虱卵即可确诊。

预防措施
鸽舍需要经常清扫，常换垫草，保持鸽舍卫生。定期检查鸽群有无虱卵，一般每月2次。在鸽虱流行的养鸽场，可选用0.02%胺丙畏、0.2%敌百虫水溶液、0.03%除虫菊酯、0.01%溴氰菊酯、0.01%氰戊菊酯、0.06%蝇毒磷等药液喷洒鸽舍、产蛋窝、地面及用具等，杀灭其上面的鸽虱。对新引进的种鸽必须检疫，如发现有鸽虱寄生，应先隔离治疗，治愈后才能混群饲养。

治疗方法
一是用上述药液喷洒于鸽羽毛上，并轻轻搓揉羽毛使药物分布均匀。二是将带虱的鸽浸入上述药液中几秒钟，将羽毛浸湿。在寒冷季节药浴时需要注意的是应选择温暖的晴天进行，并预先提供充足的饮水，防止鸽中毒。三是采用杀虫剂进行沙浴，选择上述杀虫药按比例混拌于黄沙里，供鸽洗浴，需要注意的是要避免鸽误食。

由于灭虱药对虱卵的杀灭效果均不理想，因此每隔10~15天需再用1次药，连用2~3次，以杀死新孵化出来的幼虫。在治疗时，必须连同鸽舍墙壁、用具、笼具一起喷洒，以杀灭暗藏的鸽虱和虱卵。

十、鸽蜱螨病

蜱螨为寄生于鸽体表的外寄生虫，以吸食鸽血、咬食羽毛和组织等为生，可使鸽日益消瘦，贫血，产蛋率下降，同时传播其他病原微生物。

病原及生活史

常见寄生于鸽的蜱为波斯锐缘蜱和翅缘锐缘蜱 2 种。波斯锐缘蜱（鸡蜱）属于软蜱，主要寄生于鸡、鸭、鸽和野鸟；翅缘锐缘蜱（鸽蜱）唯一宿主是鸽。这 2 种蜱具有生活期长、耐饥饿、对恶劣环境有较好的适应性等共同特点。这 2 种蜱身体扁平，呈前窄后宽的卵圆形、浅灰黄色；表皮上有细小的皱褶和许多呈放射状排列的凹窝，无眼；幼虫有 3 对足，若虫和成虫有 4 对足。鸽螨有皮刺螨、羽螨、羽管螨、鳞足螨、气囊螨和疥螨等多种，其中皮刺螨和羽管螨较为常见。皮刺螨也称红螨，为长椭圆形，虫体呈灰白色，吸饱血后虫体转为红色，体表布满短绒毛。雌螨体长 0.72~0.75 毫米、宽 0.4 毫米，吸饱血后体长可达 1.5 毫米。雄螨体长 0.6~0.75 毫米、宽 0.32 毫米。有刺吸式口器，1 对螯肢呈细长针状，以此穿刺皮肤吸血。

蜱螨的发育过程属于不完全变态发育，需要经虫卵、幼虫、若虫和成虫 4 个阶段。蜱螨侵袭鸡、鸽、火鸡、金丝雀和多种野鸟，也可侵袭人。在温带地区有栖架的老鸽舍中特别严重。软蜱和皮刺螨白天隐匿于鸽的窝巢、栖架、松散的粪块及房舍附近的砖石下或树木的缝隙内；夜间出来活动，爬到鸽身上吸血，但幼虫的活动不受昼夜限制。

流行特点

传播途径主要是通过接触传播，也可通过接触病鸽脱落的羽毛、被污染的器具和窝巢等感染。此外，蜱和个别螨类可机械性传播多种病原，如禽巴氏杆菌、新城疫病毒等，是细菌、病毒等病原微生物的携带者。本病一年四季都可发生，温热时节更易流行。

临床症状

蜱螨（图 4-26）对宿主的危害主要是吸血引起的。鸽受到少量蜱螨侵袭时，一般不表现临床症状。当受到大量蜱螨侵袭时，鸽表现为烦躁不安，贫血，消瘦，体弱，生长缓慢，产蛋率下降，皮肤时而出现小的红疹（图 4-27），造成啄羽而引起出血。尤其是软蜱吸血量大，大量侵袭雏鸽可引起死亡，危害十分严重。羽管螨则寄生于鸽的羽管内，在羽毛基部出现粉状屑末，引起羽毛部分或完全损坏。

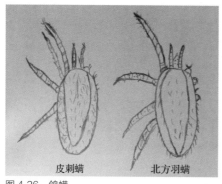

皮刺螨　　　　　北方羽螨

图 4-26　鸽螨

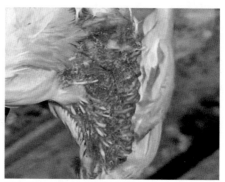

图 4-27　皮肤上出现红疹

诊断

　　由于蜱螨体形很小，肉眼难以发现，可根据其生活规律进行观察。白天常成群地聚集在栖架上等处，外观似一些红色或灰黑色的小圆点；到了夜间，成群结队爬向鸽体，因此只有在夜间检查方可发现蜱螨。镜检有助于确诊和进行蜱螨种类的鉴别。

预防措施

　　蜱螨的预防主要是做好鸽舍的清洁卫生工作，及时清除粪便，定期修理鸽舍，并进行粉刷，堵塞全部缝隙和裂口。定期开展消毒工作，对垫料、墙壁、地面、屋顶等喷洒灭菊酯、蝇毒磷等杀虫剂。喷药后应对环境、栏舍，尤其水槽、食槽等用具用清水冲洗干净，以防鸽食入残存的杀虫剂而中毒。

治疗方法

　　治疗主要是采用杀虫剂杀灭鸽身上及栖居、活动场所内的虫体，可选用 0.01% 溴氰菊酯、0.01% 氰戊菊酯、0.2% 敌百虫溶液、0.25% 蝇毒磷、0.5% 马拉硫磷溶液等直接对鸽体、鸽舍、垫料、墙壁等蜱螨栖息处进行喷洒。第 1 次喷洒后 7~10 天再喷洒 1 次，灭虫效果更好。处理后必须更换新的垫料、窝巢，并将旧垫料和窝巢烧毁。

第五章
鸽营养缺乏症与代谢病

05

一、鸽蛋白质缺乏症

蛋白质是生命的基础，均由 20 种起重要营养作用的氨基酸组成，其中有 10 种属必需氨基酸，因为它们不能在鸽体内合成，必须从体外的营养物质中摄取，这些物质不仅是鸽而且是所有生物生存、生长、发育、繁殖和全部生命活动过程必不可少的物质基础。充足的营养是增强鸽的体质及抗病能力，保证养鸽业健康发展的基本和重要的措施。如果某一种营养物质长时间严重缺乏，就会出现蛋白质缺乏症。

病因

饲喂原料品种单一，饲料中缺乏蛋白质，特别是缺乏动物性蛋白质，使鸽饲料中出现蛋白质含量长期不足或必需氨基酸不平衡，致使鸽体处于蛋白质缺乏状态，造成蛋白质缺乏症，是发生本病的主要原因。雏鸡对蛋白质的需要量占饲料的 18%~20%，产蛋鸡对蛋白质的需要量占饲料的 14%~16%。如果饲料中蛋白质不足，或者是蛋白质中必需氨基酸配合不齐或比例不合适，尤其是蛋氨酸、赖氨酸与色氨酸这 3 种限制性氨基酸缺乏，而使该种饲料蛋白质中其他氨基酸的利用率受到限制，就会使该饲料的营养价值降低而引起发病。

另外，饲料保管不当使其潮湿霉变，饲养条件不良使鸽舍阴暗潮湿，消化道疾病（如细菌性疾病、病毒性疾病和寄生虫病等）或蛋白质吸收不良及长期腹泻等，加快机体蛋白质的损耗，也可引起蛋白质缺乏症。

临床症状

幼鸽表现为生长停滞，发育受阻，体弱畏寒，食欲不振，精神呆滞，翅膀下垂，羽毛干枯、蓬乱、无光泽，抗病能力下降，易生病，甚至死亡。

成年鸽主要是体重下降，消瘦，外伤不易愈合，流血不止、血液稀薄而凝固不良，皮下常有水肿，精神沉郁，无力，运动过后呼吸困难且心率快，产蛋减少或完全停产，蛋重下降，所孵化出的乳鸽品质下降，毛色泛黄、发干、翅膀羽毛向上卷曲、无光泽，生长发育不良，死淘率高。成年鸽的病情进展较缓，与此同时，鸽的抵抗力下降，容易感染其他疾病。

病理变化

本病突出表现为贫血、消瘦、少脂，脂肪呈胶样浸润，体腔积液。剖检可见鸽贫血，消瘦，少脂，体腔积液，胸肌、腿肌萎缩明显（图5-1），而心冠沟、皮下、肠系膜等部位正常的脂肪组织呈现脂肪性胶样浸润。口、眼黏膜苍白，血稀色浅、凝固不良，皮下水肿，胸腹腔及心包积液，肝脏缩小。

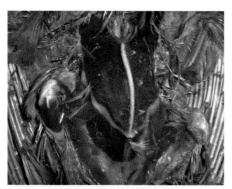

图 5-1　病鸽消瘦，胸肌、腿肌萎缩明显

诊断

蛋白质缺乏症根据其临床症状、饲料的蛋白质含量情况和饲料营养成分的分析结果可以基本判定。判定时应注意饲料的配料是否单一，笼养鸽饲料单一是引起蛋白质缺乏症的重要原因。调整配方，增加蛋白质含量后，鸽群病情有好转，也有助于诊断。

预防措施 以预防为主、治疗为辅，预防工作主要是平时应根据鸽的生理生长需求，供应足够的豆类、蛋白质饲料与氨基酸，并注意它们的平衡和制约关系，饲喂饲料应避免只使用一种饲料，以防止饲料单一造成蛋白质、氨基酸不平衡。同时注意原料及饲料的运输、贮存，避免霉变。

治疗方法 一旦发现鸽有本病，应及时对症下药，补给所缺的营养物质，配制营养全面的饲料，这对初病的鸽群效果明显，病程过长的鸽，这种补给的效果不佳。

对于肠道疾病造成的蛋白质吸收不良或由于寄生虫寄生而导致的蛋白质消耗过高，则应及时治疗肠道疾病或及时驱虫。

二、鸽维生素 A 缺乏症

维生素 A 是保证鸽正常生长发育、最适的视觉，以及皮肤、消化道、呼吸道、生殖道黏膜完整性所必需的营养物质，同时维生素 A 也能增强体质，加强抗病能力，促进生长。动物自身无法合成维生素 A，只能通过饲料摄入维生素 A 或者类胡萝卜素，当饲料中缺少维生素 A，或者机体无法正常摄取维生素 A 时，就会出现发病。

病因 （1）**饲料方面** 如果饲料保管不当，加工调制失宜，收藏不善，遭到日光暴晒、酸败、氧化等，极易将维生素 A 及维生素 A 原破坏掉；给鸽群供给品质较差的饲料，或者饲料长时间由含较少维生素 A 的原料组成，或者没有加入适量的维生素 A，或者没有充分搅拌等；以及饲料中蛋白质、脂肪不足，影响维生素 A 的转运、溶解和吸收，均会导致维生素 A 缺乏症。

（2）**疾病因素** 若鸽患肝胆疾病、胃肠道疾病、细菌性传染病、病毒性传染病、寄生虫病等，均会导致维生素 A 吸收不良或吸收的维生素 A 原不能很好地转化为维生素 A；同时肝功能紊乱，也会使肝脏中贮备的维生素 A 被大量消耗，导致血浆中维生素 A 含量下降，引发维生素 A 缺乏症。乳鸽及初产蛋的母鸽对维生素 A 的需求量较大，若不能及时补充，也会导致维生素 A 缺乏症。

（3）**其他因素** 饲养条件不良、鸽舍阴暗潮湿或缺乏阳光、没有给予鸽群充足的运动量也会引起维生素 A 缺乏症。

轻度维生素 A 缺乏症一般不表现出临床症状，严重缺乏维生素 A 时，常继发痛风或骨骼发育障碍，表现运动无力，两肢瘫痪。

生长鸽缺乏维生素 A 会造成发育迟缓，精神委顿，食欲减退，消瘦，羽毛松乱、无光泽，眼睑内有干酪样物质，有些形成眼干燥症，甚至失明。若病鸽受外界刺激，甚至会引起神经症状，头颈扭转或做后退运动、圆圈运动和惊叫，此症状发作的间隙可进食。死亡率较高，严重时可达 100%。

成年鸽发病呈慢性经过，主要表现为食欲不佳，羽毛松乱，消瘦，爪、喙色浅，趾爪蜷缩，两脚无力、步态不稳，往往用尾羽支地（图 5-2），有的病鸽眼睑闭合，两眼周围皮肤粗糙，眼球干涸，眼内有乳白色、干酪样物质。母鸽产蛋率和孵化率降低，蛋内可能有血斑，公鸽性机能下降，精液品质退化。母鸽缺乏维生素 A 易导致胚胎或乳鸽生长发育不良。病鸽的呼吸道和消化道黏膜抵抗力降低，易诱发传染病。

图 5-2　趾爪蜷缩，步态不稳，用尾羽支地

病鸽眼结膜囊内有大量干酪样渗出物，眼球萎缩、凹陷，有些甚至出现穿孔。口腔、咽及食管黏膜有灰白色小结节或覆盖一层白色的豆腐渣样的薄膜，剥离后黏膜完整并且无出血、溃疡现象。黏膜发生破坏、缺损、病变后，易被病原微生物侵袭，继而感染。严重缺乏维生素 A 时，肾脏、输尿管、心脏、心包、脾脏等器官出现白色尿酸盐沉积。

根据发病情况、临床症状、病理变化和饲料维生素检测可进行初步诊断。进一步确诊可采取测定血清或肝脏中维生素 A 的含量，如若血清中维生素 A 含量低于每升 0.34 微摩尔或肝脏中低于每克 7 国际单位，则可确定是维生素 A 缺乏症。

根据鸽不同生长阶段的特点，调节维生素、蛋白质和能量水平，配制营养全面的全价饲料，保证鸽群对维生素 A 的正常需要。按照美国 NRC 饲料标准，幼鸽每千克配合饲料中维生素 A 的添加标准为 1500 国际单位，产蛋鸽为 4000 国际单位。同时应注意饲料加工、运输、贮存工作，防止饲料发生酸败、霉变或氧化，使维生素 A 含量减少。

治疗
方法

当鸽群患维生素 A 缺乏症时，首先消除致病因素，其次可投服正常维持量 10~20 倍的维生素 A 或每天每只鸽内服或肌内注射 1~2 毫升鱼肝油。在短期投服大剂量的维生素 A，对急性病例具有较迅速的疗效，但对于慢性病例，如已失明的鸽，则难以康复。由于维生素 A 不易从机体中迅速排出，因此应特别注意长期过量使用会引起中毒。

三、鸽维生素 B_1 缺乏症

维生素 B_1 是一种水溶性维生素，是由一个嘧啶环和一个噻唑环结合而成的化合物，因分子中含有硫和氨基，故又称硫胺素。维生素 B_1 是碳水化合物代谢所必需的物质，它以辅酶的形式参与糖代谢，可以抑制胆碱酯酶的活性，保证胆碱能神经的正常传递。由于维生素 B_1 缺乏而引起碳水化合物代谢障碍及神经系统的病变为主要临床特征的疾病称为维生素 B_1 缺乏症，也称多发性神经炎。

病因

维生素 B_1 属于水溶性 B 族维生素。水溶性维生素很少或几乎不在体内贮备，主要从食物中摄取。大多数饲料中维生素 B_1 均很丰富，并且肠道微生物可以合成一部分，一般无须补充额外的维生素 B_1，之所以会出现维生素 B_1 缺乏症，主要是由于饲料被碱化或蒸煮、饲料存放不当，如存放在有光照、温度高、不通风、潮湿的地方等，造成饲料中维生素 B_1 被破坏，而导致饲料中维生素 B_1 含量不足；饲料中含有维生素 B_1 的天然拮抗物质，如抗维生素 B_1；饲料中加有球虫抑制剂——氨丙啉等，就会发病。若鸽患有慢性腹泻，或患有其他消耗性疾病，也可诱发维生素 B_1 缺乏症。

临床
症状

幼鸽对维生素 B_1 缺乏最敏感，饲喂缺乏维生素 B_1 的饲料后约经 10 天即可出现多发性神经炎症状，常会突然发病，呈现"观星"姿势，头向背后极度弯曲呈角弓反张状，由于腿麻痹不能站立和行走，病鸽以跗关节和尾部着地，坐在地面或倒地侧卧

（图 5-3），严重的甚至衰竭死亡。病鸽表现为食欲不振，羽毛松乱，生长缓慢，羽毛无光泽，活动减少，不爱鸣叫，嗜睡，腿软无力，步伐不稳，表现出典型的"观星症"。

图 5-3　病鸽坐于地上，跗关节和尾部着地

成年鸽维生素 B_1 缺乏约 3 周后才出现临床症状。病初食欲减退，生长缓慢，羽毛蓬乱，体重下降，有腿软无力、步态不稳和肌肉麻痹等神经症状。以后神经症状逐渐明显，开始是脚趾的屈肌麻痹，接着向上发展，腿、翅膀和颈部的伸肌明显地出现麻痹。有些病鸽出现贫血和腹泻，呼吸频率呈进行性下降，体温下降，最后衰竭死亡。

病理变化　维生素 B_1 缺乏症致死鸽的皮肤呈广泛水肿，其水肿的程度决定于肾上腺的肥大程度。病死鸽的生殖器官呈现萎缩，睾丸比卵巢的萎缩更为明显，心脏轻度萎缩。肉眼可观察到胃和肠壁的萎缩。

诊断　主要根据病鸽发病日龄、流行病学、饲料中维生素 B_1 缺乏、临床上多发性外周神经炎的特征症状和病理变化即可做出诊断。在生产实际中，应用诊断性的治疗，即给予足够量的维生素 B_1 后，可见到明显的疗效，可诊断为维生素 B_1 缺乏症。由于维生素 B_1 的氧化产物是一种具有蓝色荧光的物质（称为硫色素），且荧光强度与维生素 B_1 含量成正比。因此，可用荧光法定量测定原理，测定病鸽的血、尿、组织及饲料中维生素 B_1 的含量以达到确切诊断和本病的监测预报的目的。

预防措施　平时应尽量使用新鲜饲料，避免使用陈旧原料，或在饲料中提供足够的维生素 B_1，饲料中补充发芽的谷物麸皮、干酵母粉；避免长期使用与维生素 B_1 有拮抗作用的抗球虫药，如氨丙啉等；气温高时及时加大维生素 B_1 的用量，以满足鸽对维生素 B_1 需求量的增加，可防止维生素 B_1 缺乏症；注意饲料的加工、运输、贮存，避免维生素 B_1 遭到破坏。

应用维生素 B_1 给病鸽肌内或皮下注射，每次 10 毫克，每天或隔天 1 次。病情较轻时，可在饲料或饮水中添加维生素 B_1，并且不可与带碱性的物质混食。

中药治疗方剂如下：

方一：大活络丹。每次 1/4 粒投服，每天 1 次，7 天为 1 个疗程，共喂 2 个疗程。

方二：黄芪 120 克、当归 30 克、白芍 25 克、川芎 20 克、赤芍 25 克、桃仁 20 克、红花 20 克、杜仲 30 克、牛膝 20 克、木瓜 20 克、防风 2 克、秦艽 25 克、陈皮 25 克、甘草 6 克、威灵仙 25 克、独活 25 克，共研为细末，每只鸽每天 3 克拌料饲喂。

方三：黄芪 60 克、当归 45 克、牛膝 45 克、木瓜 40 克、白术 40 克、菟丝子 45 克、炒杜仲 45 克、熟地 40 克、茯苓 40 克，共研为细末，每只鸽每天 3 克拌料饲喂。

四、鸽维生素 B_2 缺乏症

维生素 B_2 又称核黄素，是异咯嗪和核醇的缩合物，是黄素蛋白的成分。由于异咯嗪是一种黄色色素，故称之为核黄素。维生素 B_2 是组成机体内用于生物氧化还原反应的多种酶（尤其是黄酶）的主要物质，并与碳水化合物、脂肪、蛋白质及核酸的代谢都紧密相关，在很大程度上影响机体生长发育和繁殖功能。

病因

鸽群长时间饲喂缺乏维生素 B_2 的禾谷类饲料，另外，饲料加工不合理，饲料发生霉变、遇碱性物质、遇热，以及被阳光直射、过于潮湿等，均可导致维生素 B_2 流失，从而引起维生素 B_2 缺乏症。

鸽群使用大量的抗生素后，导致体内微生物区系的平衡状态被打破，影响机体消化、吸收维生素 B_2；另外，使用氯丙嗪也会影响机体吸收、利用维生素 B_2，从而出现维生素 B_2 缺乏症。

当鸽患有胃肠道疾病时，也会影响机体转化、吸收维生素 B_2，例如，重度贫血和慢性腹泻。当鸽群处于低温环境中，会促使其所需的维生素 B_2 量增多；饲料中含高脂肪、低蛋白质时，也会促使鸽的机体需要更多的维生素 B_2，供应不足则会引发维生素

B_2 缺乏症。

（1）**幼鸽**　主要表现为皮肤干燥、粗糙，消化道机能紊乱、衰弱、消瘦、贫血、绒毛稀少、羽毛蓬乱、生长缓慢，但食欲尚好，多在 1~2 周龄发生腹泻。本病的特征性症状为足趾向内蜷曲（图 5-4），不能站立，身体移动困难，腿部肌肉萎缩，两翅展开以维持身体平衡，严重者则发生瘫痪。

（2）**成年鸽**　产蛋率下降，蛋白稀薄，蛋的孵化率降低，在孵化最初 2~3 天死亡增多，死胚呈现皮肤结节状绒毛、颈部弯曲、躯体短小、关节变形、水肿、贫血和肾脏变性等病理变化（图 5-5）；孵出的幼鸽多带先天性麻痹症，体小而浮肿。成年鸽病后期腿劈开而卧，瘫痪。

图 5-4　皮肤干燥、羽毛蓬乱、足趾向内蜷曲

图 5-5　死胚颈部弯曲、躯体短小

病死幼鸽肠壁薄，肠内充满泡沫状内容物。病死成年鸽的坐骨神经和臂神经显著肿大和变软，尤其是坐骨神经的变化更为显著，其直径比正常大 4~5 倍。有些病例可见肝脏肿大、柔软、脂肪样变性。

通过对发病经过、饲料分析、典型症状特征（足趾向内蜷曲、两腿瘫痪等），以及病理变化等情况的综合分析，即可做出诊断。

确保饲料全面营养，且各种营养物质的比例适宜，动物的肝脏、肾脏、心脏中及豆类植物中维生素 B_2 含量较多，谷类中含量较少，配制时应予以注意，每吨饲料中添加 2~3 克维生素 B_2，就可预防本病发生。日常也要多喂新鲜的青绿饲料、草粉及酵母粉等。妥善保管饲料，在运输途中避免日晒、风吹、雨淋，配制饲料时也要防止照射日光。鸽在不同生长阶段需要的维生素 B₂ 量存在差异，要及时调整添加量。注意药物的拮抗作用及抗生素的使用。

本病早期防治是非常必要的。一经发现鸽群发生缺乏症，应及时投喂富含维生素 B₂ 的饲料，治疗量为每吨饲料添加维生素 B₂ 10 克，预防量减少到 2~5 克，注意与饲料混合均匀。个体治疗时，向病鸽每千克饲料中添加 4 毫克维生素 B₂，连续饲喂 7~15 天，可收到较好的治疗效果。然而，对足爪已蜷缩、坐骨神经损伤的病鸽，即使用维生素 B₂ 治疗也无效，病理变化难于恢复。

中药方剂如下：

方一：黄芪、当归、秦艽、独活、牛膝、本瓜、苍术、薏米各 30 克，川断、威灵仙、桑寄生、伸筋草各 45 克，桂枝、川芎各 15 克，共研为细末，每只鸽每天 3 克，拌料饲喂。

方二：黄芪 30 克，当归 30 克，桂枝 15 克，川芎 15 克，灵仙 45 克，秦艽 30 克，独活 30 克，牛膝 30 克，木瓜 30 克，苍术 30 克，川断 45 克，菟丝子 45 克，桑寄生 45 克，薏米 30 克，伸筋草 45 克，共研为细末，每日每只 3 克，拌入饲料中喂服。

方三：每千克饲料中加入 20 毫克核黄素片，连用 1~2 周，同时适当增加维生素用量。

五、鸽烟酸缺乏症

烟酸又称为尼克酸，包括烟酸（吡啶 -3- 羧酸）和烟酰胺（动物体内烟酸的主要存在形式）2 种物质，均具有烟酸活性，属于维生素 PP（又称抗癞皮病维生素），是动物体内营养代谢必需物质。烟酸易变成烟酸酰胺（小肠黏膜上），在组织中与蛋白质结合，变成辅酶 NAD+（烟酰胺腺嘌呤二核苷酸）和 NADP+（烟酰胺腺嘌呤二核苷酸磷酸），是氧化还原反应中的氧化态辅酶。烟酸在能量的生成、贮存及组织生长方面具有重要作用。另外，烟酸对机体脂肪代谢有重要的药理作用。烟酸性质稳定，可溶于水，在自然界分布广泛，青绿植物、米糠、麸皮、稻谷、小麦、大麦、油类作物籽实的麸饼类等均含有一定量烟酸。

饲料中长期缺乏色氨酸，使鸽体内烟酸合成减少；玉米含烟酸量很低，并且所含的烟酸大部分是结合形式，未经分解释放而不能被鸽体所利用，玉米中的蛋白质又缺乏色氨酸，不能满足体内合成烟酸的需要，不额外添加即会发生烟酸缺乏症；同时在鸽体内色氨酸的合成需要有维生素 B_2 和维生素 B_6 的参与，若维生素 B_2 和维生素 B_6 缺乏，也影响烟酸的合成。

鸽肠道合成烟酸能力低，尤其长期使用抗生素，会使胃肠道内微生物受到抑制，微生物合成烟酸量变少。鸽在带仔期间，烟酸需求量增加。鸽群患有热性病、寄生虫病、腹泻症或消化道、肝脏和胰腺等机能障碍，在病理状态下，营养消耗增多，或影响营养物质吸收，并且能影响其在动物体内的合成代谢，使动物体机能衰退，即会发生烟酸缺乏症。

临床症状

缺乏烟酸的幼鸽，神经的兴奋性上升，易受惊吓，主要以口炎、下痢、跗关节肿大、脚骨短粗并呈弓形弯曲、羽毛生长不良、爪和头部出现皮炎等为主要特征症状（图 5-6、图 5-7），极少出现跟腱滑落，以此可与锰及胆碱缺乏症相区分。成年鸽仅表现为羽毛不同程度脱落和生产性能下降。

图 5-6　下痢　　　　　　　　　　　　　　图 5-7　跗关节肿大

病理变化

剖检可见口腔、食道黏膜表面有炎性渗出物，胃肠充血，十二指肠、胰腺出现溃疡，跗关节肿大、脚骨短粗并呈弓形弯曲。

诊断

通过对发病经过、饲料分析、典型症状及病理变化等情况的综合分析，即可做出诊断。

预防措施

避免饲料原料单一，尽可能使用富含 B 族维生素的酵母、麦麸、米糠和豆饼、鱼粉等，调整饲料中玉米比例，并注意添加胆碱或蛋氨酸。根据鸽不同生长阶段的特点，调节烟酸的添加量。

对患病鸽可按每只 30~40 毫克烟酸进行口服治疗，几天后便可康复。对于病重的鸽，治疗效果较差。

六、鸽硒 - 维生素 E 缺乏症

维生素 E 和硒是动物体内不可缺少的抗氧化物，两者协同作用，共同抗击氧化物对组织的损伤。维生素 E 缺乏常常与硒缺乏有着密切联系。

硒是鸽必需的微量元素，它是体内某些酶、维生素及某些组织成分不可缺少的元素，为鸽生长、生育和防止许多疾病所必需。

维生素 E 也称维他命 E，又名生育酚或产妊酚，具有 1 个色满环、1 个类异戊二烯侧链，是 α-生育酚生物活力的一类化合物的统称，是最主要的抗氧化剂之一，溶于脂肪和乙醇等有机溶剂中，不溶于水，对热、酸稳定，对碱不稳定，对氧敏感，对热不敏感，但油炸时维生素 E 活性明显降低。在食油、水果、蔬菜及粮食中均存在。维生素 E 在鸽营养中的作用是多方面的，不仅是正常生殖功能所必需的，而且是一种最有效的天然抗氧化剂，能够抑制机体中不饱和脂肪酸的过氧化过程，对细胞的脂质膜起保护作用，也对饲料中的很多重要成分如脂肪酸及其他高级不饱和脂肪酸、维生素 A、维生素 D_3、胡萝卜素及叶黄素等具有可靠的保护作用，能够预防脑软化。

维生素 E 和硒缺乏都能引起脑软化和肌肉组织营养不良，造成幼鸽表现脑软化、渗出性素质和肌营养不良（又称白肌病）。

主要是由于饲料中硒、维生素 E、含硫氨基酸等含量不足或拌料不均匀所致；或是饲料加工、运输、贮存不当，使维生素 E 受到氧化破坏，从而导致维生素 E 含量减少；或是与鱼肝油混用，而导致维生素 E 被氧化，其活性丧失。维生素 E 的拮抗物质（饲料酵母、四氯化碳、硫酰胺制剂等）刺激脂肪过氧化，也会导致维生素 E 损失。青稞饲料自然干燥时，也会造成 90% 的维生素 E 损失。在一般条件下，籽实原料保存 6 个月后维生素 E 损失可达 30%~50%。维生素 E 与硒之间存在一定的互补关系，任何一方缺乏都会造成机体对另一方的需要量增加，因此两者常同时发生缺乏，单一缺乏的较少见。蛋白质严重缺乏、肝胆功能障碍、肠炎等，会影响机体对硒和维生素 E 的吸收。

临床症状

　　成年鸽常不表现出症状，但繁殖能力及所产的蛋孵化率下降。死胚中胚层肿大，胎盘内的血管受到压缩，出现血液瘀滞和出血；胚胎的眼睛晶体混浊和角膜出现斑点。公鸽则发生性欲不强，精液品质差，睾丸变小、退化。而幼鸽则表现出精神委顿、食欲减退、体质下降，消瘦，趾和喙发白，站立不稳，皮肤发绀等脑软化症（图5-8），渗出性素质，肌营养不良等症状。

图5-8　病鸽皮肤发绀

　　脑软化症表现为行走困难，不能站立，头后仰或向侧、向下挛缩、扭转，两脚急促收缩与放松、外伸，脚趾弯曲。血液凝固不良，有时呈现转圈运动，最后死于衰竭。

　　渗出性素质表现比较突出的症状是皮下水肿，特别是腹部皮下，严重时呈分腿站立姿势。

　　肌营养不良表现为营养性肌变性，肌肉衰弱和麻痹。

病理变化

　　主要病变是躯体低垂的胸、腹部皮下出现浅蓝绿色水肿样变化，有的腿根部和翅根部也可发生水肿，严重的可扩展至全身。肝脏表面覆盖着一层白色或浅黄色透明的胶样渗出物，与肝组织紧密粘贴，不易脱落，有的易分离。病程较长的病例，会发生肝脏肌化。病变部位的肌肉变性、色浅、似煮肉样，呈灰黄色、黄白色的点状、条状、片状不等；横断面有灰白色、浅黄色斑纹，质地变脆、变软、钙化。心包有大量浅黄色清晰液体，心肌特别松软，有些病例有白色条纹及坏死。脑软化症的病变主要在小脑，小脑发生软化及肿胀，脑膜水肿，有出血斑点，小脑表面常有散在的出血点，脑回展平，脑组织坏死，坏死区呈现不透明的浅红色、浅褐色或黄绿色；严重病例可见小脑质软变形甚至不成形，切开时流出乳糜状液体。

诊断

根据地方缺硒病史、流行病学、饲料分析、特征性的临床症状和病理变化，以及用硒和维生素 E 制剂防治可得到良好效果等做出诊断。必要时可对饲料中维生素 E 和硒进行含量测定，可辅助诊断。

预防措施

注意维生素 E 和含硒的微量元素添加剂的补充，应保证每千克饲料中含有维生素 E 20~25 毫克和硒 0.14~0.15 毫克，根据鸽不同生长阶段的特点，调节维生素 E 和含硒的微量元素添加剂的添加量。加强饲料的保管，饲料应存放在干燥、阴凉、通风的地方，防止饲料受热、酸败，饲料贮存时间不可过长，以免受到无机盐和不饱和脂肪酸氧化，或拮抗物质（饲料酵母、四氯化碳、硫酰胺制剂等）的破坏。出现脑软化、渗出性素质、肌肉组织营养不良的鸽群，应查找饲料及原料的来源，必要时更换原料。

治疗方法

硒缺乏症的病例，对病鸽可立即用 0.005% 的亚硒酸钠液皮下或肌内注射，成年鸽 1 毫升，幼鸽 0.1~0.3 毫升，间隔 3 天再用 1 次；还可按每千克饲料添加亚硒酸钠 0.5 毫克，连喂 3 天可见康复。维生素 E 缺乏症的病例，每只鸽可口服 300 国际单位维生素 E，连喂 3 天可康复；也可按每千克饲料添加 50~100 毫克维生素 E（或 0.5% 植物油），连用 15 天，有良好效果。既缺乏维生素 E 又缺乏硒的病例，可用亚硒酸钠加维生素 E 注射液同时进行治疗，按每千克饲料添加亚硒酸钠 0.5 毫克、蛋氨酸 2~3 克也可收到良好疗效。对病情不太严重的鸽，及时补充维生素 E 和硒制剂，收效较快，对患脑软化症的治疗效果不明显。

七、鸽痛风

鸽痛风又称鸽尿酸盐沉着症、鸽高尿酸血症，是一种由于代谢障碍（如蛋白质和嘌呤代谢障碍）、尿酸合成增加或排泄减少等引起的高尿酸血症及肾功能损害性疾病。另外，药物中毒、病原感染等也可继发痛风。鸽痛风的发病率高时可达 85%，死亡率高时可达 30%，一年四季均可发生。病鸽不仅生长受阻，生产性能降低，而且常导致大量死亡，对养鸽业危害严重。而痛风又是遗传性疾病，会遗传给子孙后代，因而近几年来，鸽痛风的发病率也随之普遍增高。本病多发于青年鸽和成年鸽，幼鸽也能发生，特别常见于饲喂动物性蛋白质饲料较高的肉鸽群。

病因

（1）**营养因素**　饲料中蛋白质（特别是核蛋白和嘌呤碱）含量过高是导致本病发生最常见的原因，特别是擅自增加饲料中豌豆、鱼粉、骨肉粉、动物内脏、豆饼的比例（提高了蛋白质含量）。饲料中钙含量高，导致尿液中钙含量增加，形成碱性尿，从而易出现尿酸盐沉积和结晶。当饲料中含有尿素时，肾脏中尿酸盐易沉积。维生素 A 缺乏使得肾集合管和输尿管黏膜上皮发生角化与脱落，从而导致尿酸排泄受阻。在炎热季节长途运输，若饮水不足，也会造成机体脱水、尿酸盐沉积而引发痛风。

（2）**真菌毒素**　黄曲霉毒素和赭曲霉毒素等均可诱发痛风。

（3）**病原因素**　当发生大肠杆菌病、冠状病毒感染、禽流感等病原性疾病时，病鸽体内尿酸盐沉积，易发生痛风。

（4）**环境因素**　饲养空间狭小、通风不良、阴暗潮湿，育雏温度过低，饮水不够，运动不足，日光照射不足，导致机体新陈代谢功能下降，尿酸排泄量也下降，导致尿酸盐沉积。

（5）**药物因素**　若长期大量使用某些药物如磺胺类、四环素类、链霉素类、庆大霉素类、保泰松类、对氨基水杨酸类药物及抗球虫药物等，使肾脏功能受损，进而导致尿酸盐排泄受阻，即可引发痛风。

图 5-9　突然死亡

临床症状

根据尿酸盐沉积的部位不同，可分为内脏型痛风和关节型痛风，有时两者混合发生。内脏型痛风在鸽群中常见。

（1）**内脏型痛风**　病鸽表现为精神不振，羽毛松乱，多数贫血，心跳与呼吸加快，采食量减少，逐渐发展至不食，产蛋率下降或停产，有的病鸽大量饮水，腹泻，排出白色的稀薄粪便，有时呈水样，粪便中含有大量白色石灰样尿酸盐。发病鸽常突然死亡（图 5-9）。

（2）**关节型痛风**　病鸽表现为精神沉郁，饮水量和采食量减少，活动异常，运动缓慢，不愿走动，跛行，常用两腿关节着地，甚至站立困难，当人为驱赶时，能走动，但非常吃力，有时可见脚部关节肿胀（图 5-10）。

图 5-10　脚部关节肿胀

（1）**内脏型痛风** 剖检病变为病鸽心包膜上有一层白色粉末状尿酸盐，有的薄，有的厚；肝脏、肺、脾脏、胸膜、腹膜的表面一般都覆有点状或斑状的白色粉末状或石灰样尿酸盐（图5-11），肝脏肿大、瘀血；肾脏肿大、色泽变浅，有时呈黄白色或白色，表面常有白色斑点状尿酸盐覆盖（图5-12），有时呈雪花样花纹；输尿管常因大量尿酸盐沉积而被堵塞，从而扩张变粗；有的病鸽嗉囊内有大量积液；腺胃乳头稍微肿胀，黏膜表面有个别出血点；肠道透明度增加，内有大量水样渗出物或绿色内容物。

（2）**关节型痛风** 剖检病变为病鸽腿部和翅部关节增粗，切开后其内积聚白色或灰白色沉着物，有时关节腐烂。

图 5-11　肝脏有白色尿酸盐沉积　　　图 5-12　肾脏肿大，有尿酸盐沉积

取各发病部位的石灰样物制作触片，于低倍显微镜下观察，可见大量针尖样的尿酸盐结晶物。也可以用紫尿酸胺试验对尿酸盐进行定性检测。取内脏上和关节腔内的白色沉着物并磨成细细的粉末，或取关节腔内液体，加入 2~3 滴 10% 硝酸溶液，待蒸发后观察，如结果呈橙红色，表明有尿酸盐存在，如再滴加氨水，则生成紫尿酸胺，变成紫红色。最后，根据发病情况、临床症状、剖检变化和实验室检查结果，可确诊为痛风。必要时可采集病鸽血液进行尿酸含量的检测，做进一步的确诊。

本病主要以预防为主。根据鸽不同生理阶段的特点，合理配制饲料。饲料中蛋白质含量不宜过高，控制在 15%~18% 最为适宜，同时应保证供给充足的维生素，特别是维生素 A，并注意饲料中的钙、磷比例。饲料中多加入一些蛋氨酸，可进一步保护肾脏。饲喂时应少食多餐，同时避免鸽挑食、偏食。正确保存饲料，防止发霉，避免使用霉变劣质饲料。降低饲养密度，增加饮水，加强空气流通，减少环境中有毒有害气体的含量，增加光照时间和运动量，增强鸽体质。鸽舍要常打扫，清理粪便，及时彻底消毒。做好疫苗免疫接种工作，防止病原感染。避免滥用药物，按剂量和疗程进行科学给药，尽量不用磺胺类、链霉素类、庆大霉素类药物。

使用药物肾复康（由维生素、六亚甲基胺、氨基酸等组成的复方制剂）可以预防鸽发生痛风。

治疗方法　采取"弃重治轻"的原则，淘汰病重鸽，对轻症鸽进行对症治疗，降低饲料中蛋白质含量，减少喂料量，调整钙、磷比例，增加维生素 A 的含量，给予充足的清洁饮水和新鲜青绿饲料。停止抗生素类或磺胺类药物的使用。

也可用 1% 碳酸氢钠溶液饮水，连用 5 天；同时减少饲料中豌豆的含量，保健砂中增加维生素 A 等复合维生素；保证充足的饮水。

还可用八正散拌料，连用 5 天；四逆汤饮水，连用 5 天，促进体内尿酸盐的排出；鸽舍保持通风；禁止长期大量服用磺胺类药物。

中草药治疗措施则为每只病鸽用车前草 3 克、金钱草 2 克、水 10 毫升，煎水喂服，每天 2 次，连喂 5 天，促使尿酸盐排出体外。

八、鸽啄食癖

啄食癖是鸽的一种异常嗜好，是鸽放在一起饲养时较易发生的一种现象。多是由于饲养或管理中存在的某些不合理的因素而造成的，使鸽逐渐产生对摄食的异常嗜好，如啄食绳子、沙砾、垫草、水泥粒、碎石、细砖粒、自身或同类的羽毛、蛋、脚趾、肛门、粪便等，常常导致肉用鸽的级别降低，蛋品的损耗增加和鸽群的死亡率增高，造成一定的经济损失。亲鸽啄食幼鸽的羽毛更为多见，轻者影响生长发育与繁殖，重者可致死亡。其中啄肛危害最大，常将肛门周围及泄殖腔啄得血肉模糊，甚至将后半段肠管啄出吞食；啄羽如果是偶尔发生，问题不大，严重时啄掉大量羽毛，特别是尾羽被啄光，露出皮肤，就会进一步引起啄皮肉和啄肛，同时吞食羽毛也会造成成年鸽食道膨大和堵塞；啄趾一般多见于幼鸽，也会造成脚趾出血、跛行等现象。

病因　**（1）管理方面的原因**　鸽舍太简陋，产蛋后鸽不能很好地休息，再加上其他鸽的骚扰等原因，造成脱肛，其他鸽见到红色黏膜就会去啄，引起啄肛。鸽群饲养密度过大，过于拥挤，不利于休息与活动。鸽舍内光线过强，或通风不良，潮湿闷热，以至不能舒适地休息。个别鸽发生外伤时，伤口呈现红色而会引发其他鸽的啄食。另外，当食槽过高时，也有可能引起啄食癖。

（2）**饲料营养方面的原因** 饲料中缺乏食盐时，鸽往往为了寻求有咸味的食物，而引起啄肛、啄皮肉或吮血。饲料中缺乏蛋白质或含硫氨基酸（蛋氨酸、胱氨酸），很容易引起啄羽。饲料中缺乏某些微量元素或维生素时，很容易发生啄食癖。饲料中糠麸太少，饲料体积较小，往往代谢得到了满足，但鸽本身没有饱感，或因限量饲喂的原因，均可能引起啄食癖。饲料中掺有未被充分粉碎的肉块、鱼块，也易引起啄肛、啄皮肉。

（3）**其他方面原因** 虱、蛾等体外寄生虫的刺激。患啄食癖的病鸽啄食其他健康鸽，啄破流血后，引发其他鸽的啄食。

临床症状

（1）**啄肛癖** 啄食肛门，轻者肛门受伤或出血，重者直肠脱出，多发生于产蛋鸽和患白痢的幼鸽。

（2）**啄羽癖** 鸽彼此啄食羽毛，啄食自身羽毛或脱落在地上的羽毛。多见于幼鸽换羽期、产蛋鸽高产期及换羽期。

（3）**啄趾癖** 幼鸽较易发生，互相啄食脚趾，引起出血或跛行。

（4）**食蛋癖** 多发生于鸽的产蛋高峰期，个别鸽经常啄食鸽蛋。

（5）**食肉癖** 啄食体表有创伤或已死亡鸽的肌肉。各种年龄的鸽均可发生。

（6）**异食癖** 啄食一些通常情况下不食或少食的异物，如砖石、沙砾、垫料、石灰、粪便等。

诊断

根据其异常表现可做出诊断。鸽因患啄食癖而不爱吃饲料，且对绳子、垫草、沙砾、碎石，以及自身的羽毛、蛋、肌肉、肛门、粪便等感兴趣。群养鸽会出现许多鸽追啄1只鸽某个部位的异常现象。

预防措施

本病应着眼于预防，消除可能引起啄食癖的各种原因，还可采用一些措施。做好饲养管理，合理通风，保持鸽舍良好的卫生环境，饲养密度要合适，人工照明的亮度不要太强，尤其是给产蛋鸽的光线。饲料的营养成分要全面、充足，不能单一饲喂某种饲料，特别是一些重要的氨基酸、微量元素和维生素更应保证需要。鸽群患有体表寄生虫时，应立即采取灭虫措施。加强饲养管理，消除各种不良因素，如防止拥挤、调整光照、给予适宜的温度和湿度、保证通风换气、定时饲喂、定时拣蛋，及时驱除体内外寄生虫等，可预防啄食癖的发生。

治疗方法 平时经常观察鸽群，一旦发现有啄食癖现象，应尽快隔离有啄食癖和被啄伤的鸽，并查找原因对啄伤的鸽进行治疗，如伤口上涂抹甲紫或碘酊。若找出缺乏某种营养成分，应及时给予补充。若暂时找不出病因，可在饲料中添加 1.5%~2% 生石膏或每只鸽每天给予 1~3 克石膏粉，也可在饲料中添加 1%~2% 的食盐或 1% 的碳酸氢钠或 1% 的硫酸钠或 0.05% 的硫酸亚铁，连喂 3~5 天，效果良好。当啄肛癖较严重时，可将鸽群暂时关在鸽舍内，换上红灯泡，窗上糊上红纸，使舍内一切东西均呈红色，从而使肛门的红色不显眼，待啄食癖平息后，再恢复正常饲养。

第六章

鸽中毒性疾病及其他疾病

一、鸽黄曲霉毒素中毒

鸽黄曲霉毒素是黄曲霉菌某些菌株的一种有毒的代谢产物，广泛存在于各种发霉变质的饲料中，对鸽和人类都具有剧烈毒性，粮食中只要温度达27℃、相对湿度达80%以上，或饲料的含水量达13%时，就易生长霉菌、产生毒素。鸽摄食含有这种毒素的饲料、饮水或其他被污染的食物，易引起急性和亚急性中毒现象，中毒鸽全身出血，黄疸，消化机能紊乱，腹水并带有神经症状，不及时救治则会造成死亡。在日常喂养中，花生的霉变以黄曲霉毒素为多见，并且由于潜伏期较长，往往给鸽养殖户带来不可预料的损失。

病因 黄曲霉菌是一种真菌，广泛存在于自然界，在温暖潮湿的环境中最易生长繁殖。鸽的各种饲料，特别是玉米、花生、麦类、豆饼、麸皮、米糠等，由于受潮、受热而发霉变质后，霉菌大量繁殖，其中主要是黄曲霉菌及其毒素。鸽是在摄入了一定量含有毒素的饲料、饮水或其他被污染的食物后中毒的。现已发现黄曲霉产生的毒素有12种，在食物及饲料中污染的有黄曲霉毒素 B_1、黄曲霉毒素 B_2、黄曲霉毒素 Gh 与黄曲霉毒素 Gz 等6种，其中以黄曲霉毒素 B_1 产量最高、毒性最大、致癌性最强，最为常见。这种毒素对人、畜及家禽均有剧烈毒性，主要损坏肝脏，影响肝功能及消化机能，使体质衰竭并有致癌作用。中毒的程度因鸽的日龄大小及摄入量的不同而有差异，其中以幼鸽的敏感性较高。

临床症状

黄曲霉毒素中毒临床上以全身出血、黄疸（图6-1）、消化机能紊乱、腹水、神经症状等为主要特征，本病的发生无传染性，只有食物接触性。病鸽有吃霉料历史，表现黏膜、浆膜出血现象，肝硬化，血清酶活性升高。临床上以消化机能障碍，全身性出血和肝脏神经机能障碍为特征。黄曲霉毒素中毒可分为急性和慢性2种病型。急性中毒常发生在幼鸽时期，精神委顿，食欲不振，喜饮水，容易呕吐，羽毛松乱、无光泽、极易脱落，下痢，排出白色或绿色稀粪。生长发育缓慢，体质虚弱，站立不稳，脚干。若不及时治疗，几天内即死亡。慢性中毒时，鸽表现食欲不振，口渴和呕吐，皮表无毛区发绀，腿的皮下呈紫红色，下痢，生长发育不良，体质瘦弱。伴有贫血症时，产蛋率及孵化率下降。久病会出现角弓反张，还可表现为震颤、视力明显减退和失明。口流涎，颈肌僵直弯向一侧，出现转圈运动。病情发展缓慢，十多天甚至数十天后才死亡。

图6-1　病鸽眼部黄疸

病理变化

该毒素主要引起肝细胞坏死、变性、出血，肝管和肝细胞增生。尸体剖检可见急性中毒的病鸽鸽体消瘦，肛门周围有污粪，肝脏异常肿大、色浅、有出血斑点，胆囊扩张，胃肠充血或出血（图6-2），肾脏肿胀、充血、潮红，心肌潮红，心包和腹腔积液，肠黏膜潮红、增厚，脑充血或出血。显微镜下，肝实质细胞发生脂肪变性，表面有弥漫性黄白色结节性坏死灶，广泛性出血和坏死，内有干酪样物（图6-3）。慢性中毒的病鸽则胆管增生，肝脏变黄，逐渐硬化，肝脏表面有许多白色点状或结节状病灶。时间长还会出现肝癌结节。

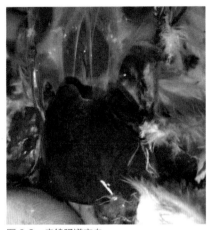

图 6-2　病鸽肠道充血

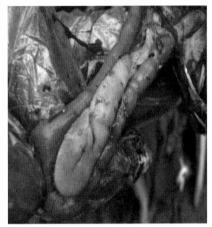

图 6-3　肝脏黄白色干酪样物

诊断

鸽突然发病或死亡，结合临床症状及病理变化是否符合上述描述，以及是否有摄入被黄曲霉毒素污染的食物史可诊断。

预防措施

预防本病首先应保管好饲料，加强饲养管理，搞好环境卫生，保持栏舍、用具清洁；防止潮湿积水，不拥挤，通风换气、光照好；定期消毒，清理粪便、脏物、垫料；饲料库应通风干燥，特别是在温暖多雨的季节要经常检查饲料，仓库要搞好通风，保持干燥，严防潮湿发霉；若饲料库被产生黄曲霉毒素的菌株孢子污染后，更应防止饲料霉变。仓库如已被黄曲霉菌株污染，要用甲醛熏蒸或过氧乙酸喷雾彻底消毒，消灭霉菌孢子；坚决不喂发霉变质的饲料。

治疗方法

一旦发现中毒病例，应立即停用可疑霉败饲料、食物，改喂富含碳水化合物及高蛋白质饲料，减少或不喂含脂肪过多的饲料；病鸽应采用内服 0.5% 碘化钾液或盐类泻剂排除毒素，结合强心、护肝等药物，补充维生素，饮用葡萄糖水等对症疗法。为防止继发感染，可用抗生素制剂，但严禁使用磺胺类药物。治疗本病可用以下方法。

1）急性中毒的鸽可口服补液盐饮水 2~3 天，或将 5% 葡萄糖水和 0.1% 维生素 C 溶液加到适量水中，供鸽群自饮 2 天，有一定的保肝解毒作用。

2）制霉菌素：每只鸽喂服 10 万 ~15 万国际单位（每片 50 万国际单位），均匀混入饲料中；或每只鸽 1/4 片喂服，每天 2~3 次，连续 5~7 天，并结合饮服口服补液盐，有一定疗效。

3）硫酸铜：用 0.1% 硫酸铜溶液供鸽饮水 3~5 天。

病鸽尸体应焚烧深埋，被病鸽污染的场地要用漂白粉或氯制品消毒剂消毒，排泄物、地面表土和垫料铲除清扫集中用漂白粉处理，鸽的用具用 0.2% 过氧乙酸或 2% 次氯酸钠溶液消毒，再用清水冲洗后使用。

二、鸽磺胺类药物中毒

鸽磺胺类药物中毒是一种因为磺胺类药物不正确使用造成的中毒性疾病。磺胺类药物是治疗鸽细菌性疾病和球虫病的常用药物，但使用不当会引起一定的毒性反应，严重中毒较为少见，其毒性作用主要是损害肾脏，破坏肠道正常栖居菌群，抑制肠内维生素 K 和 B 族维生素的合成，干扰钙的代谢和蛋壳合成，以及引起黄疸、过敏反应、免疫抑制等。

病因 磺胺类药物是拥有对氨基苯磺酰胺结构的药物的总称，这一类药物应用于鸽细菌性疾病的预防和治疗，由于药物使用不规范，如在使用磺胺类药物拌料来预防某些疾病时，由于机械设备使用不当导致搅拌不均匀，在采食的过程中，一部分鸽摄入了过多的药物而引起中毒。或在治疗疾病的过程中，没有严格按照说明书的要求进行给药，连续给药时间过长、单次给药剂量过大，都会使药物在鸽体内蓄积，不仅没有起到防治的效果，还会造成磺胺类药物中毒。磺胺类药物中毒毒性程度取决于所用药物的毒性大小、是否含有增效剂、使用剂量和连续使用的时间长短与不同日龄的鸽群不同的耐受性，一般 1 月龄以下的童鸽耐受性很弱，亲鸽则较差，而青年鸽的耐受性相对较强，所以其表现的状况也有差异。

临床症状 无论何种日龄鸽群的磺胺类药物中毒，一般均表现精神不振，体质虚弱，鼻瘤青紫（图 6-4），呼吸急促，食欲减退或废食，翅下有皮疹，粪便呈酱油色（图 6-5），也有时呈灰白色。成年母鸽所产蛋的蛋壳质量下降或产蛋数减少。急性中毒主要表现为贫血或眼睑出血。

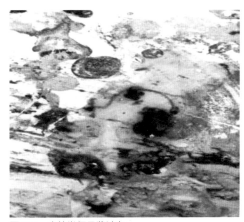

图 6-4　病鸽鼻瘤青紫　　　　　　图 6-5　病鸽粪便呈酱油色

　　剖检可见其特点是各种出血性病变，如皮下、胸肌及腿内侧肌肉广泛性或斑点状出血；肝脏肿大（图 6-6），呈黄褐色或紫红色，也有出血斑点；腺胃黏膜、肌胃角质膜下及小肠黏膜出血（图 6-7）；肾脏肿大，输尿管变粗，内充满白色尿酸盐；骨髓变黄。

图 6-6　病鸽肝脏肿大　　　　　　图 6-7　病鸽腺胃黏膜、肌胃角质膜下出血

　　当鸽出现突然发病或死亡，症状和病理变化完全符合上述症状，且近期有使用过磺胺类药物史基本可以判定是磺胺类药物中毒。

首先应当在使用磺胺类药物时进行合理选药，根据药物的不同特性结合发生疾病的特点进行选择，避免长时间使用药物造成的不良影响。通常情况下在治疗胃肠道疾病时，往往选择在肠道中难吸收的磺胺类药物，这一类药物往往不会造成中毒；当发生全身感染时可以选择磺胺嘧啶、磺胺间甲氧嘧啶、磺胺二甲嘧啶等易吸收的磺胺类药物进行治疗。在使用药物的过程中要严格遵守说明书的要求，不得随意增加或减少用药剂量，用药时间也不宜过长，在症状消失后的 3 天左右即可停药。使用磺胺类药物后要严格遵守休药期的规定，没有满足休药期要求的鸽不得食用或出口。

幼龄鸽不用本类药品；对亲鸽应慎用。一般来说，如严重的传染性鼻炎，用泰灭净治疗为宜。

对有肾脏疾病的鸽，如尿酸盐沉积，绝对不用本药；对可使用本药的鸽群，使用本药时，建议与小苏打（碳酸氢钠）等量使用，并供给充足的饮水。

一旦发现中毒应立即停用本药，还应采取护肝、护胃、控制出血及加快药物排出等措施，也可以使用甘草或绿豆煎汁等加快药物排出；提供足够的饮水，并于其中加低渗（3%）葡萄糖水、1%~2% 小苏打（碳酸氢钠），按每千克饲料加维生素 C 0.2 克、维生素 K_3 5 毫克，连服数日。可同时用 3~8 倍正常量的维生素 B_{12} 或叶酸肌内注射，这些措施都有一定的治疗效果。对于症状较为严重的可以进行对症治疗，如发生心衰，可以注射安钠咖进行强心，发生呼吸抑制时可以用尼可刹米进行缓解。

三、鸽有机磷农药中毒

鸽有机磷农药中毒是由于鸽误食含有有机磷农药的饲料等原因造成的急性致死性中毒性疾病。每年 5~10 月为鸽有机磷农药中毒高发期，中毒鸽表现为无目的地飞动或奔走，流泪、流涕或流涎，瞳孔缩小，呼吸困难等，体温多属正常。

中毒的发生原因，主要有下列几方面：使用被有机磷污染的饲料或水源；鸽误食被毒死的害虫或其他小动物；饲喂刚施药不久便收获的作物饲料；体外驱虫选药不当或用量过大，施药方法不对等。

5~10 月为农药使用高发时间，也是鸽有机磷农药中毒高发期，不同品种、龄期的鸽均有易感性，且多为急性中毒。在一般情况下，鸽有机磷农药中毒多为群体发病，也有单发，全是正常家飞的鸽（特殊情况除外）。13：00~17：00发病以育雏或孵蛋的母鸽为主，其他时间正好相反。若舍内绝大部分都出现中毒症状时，很可能自家有毒物管理不善或他人投毒所致，必须查找毒源并及时清除。

临床症状

鸽有机磷农药中毒的症状可分为3级。轻度中毒可表现为：食欲减退或废绝，无目的地飞行或跑动，有时张口喘气，口腔内有少量分泌物，恶心呕吐，排泄频繁，头颈向腹部弯曲，瞳孔稍缩小，视力模糊。此时鸽还能站立行走，走近反应迟钝，但是具有反抗甚至短距离飞行的能力。中度中毒症状：有轻度意识障碍，口腔内分泌物增多并外流，瞳孔中度缩小，呼吸困难，可视黏膜暗红（图6-8），活动范围缩小或几乎无活动能力，精神沉郁，肌束震颤，部分鸽体温升高。此时鸽已不能自控，很容易从斜面或高空摔倒，捕捉时反抗轻微或几乎没有反抗，抢救不及时很快转入重度。重度中毒除上述症状外可有抽搐、昏迷、瞳孔极度缩小（图6-9）、呼吸抑制、肌肉麻痹、循环衰竭等，若不及时治疗，最终则会死于衰竭。

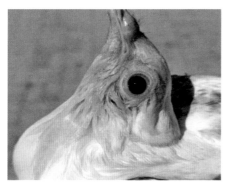
图6-8 病鸽可视黏膜暗红

图6-9 病鸽瞳孔极度缩小

病理变化

剖检可见皮下或肌肉有点状出血；上消化道内容物有大蒜味，胃肠黏膜有炎症；喉、气管内充满带气泡的黏液；腹腔积液；肝脏、肾脏呈土黄色（图6-10）；肺瘀血、水肿；心肌及心冠脂肪有出血点。

诊断

有机磷农药中毒的高发季节及鸽接触有机磷农药的病史是诊断的依据，应尽量了解农药的种类、接触方式、时间及剂量。结合常见的肌肉震颤、瞳孔缩小、流涎、呼吸困难、恶心呕吐等典型表现，一般不难诊断。在中毒鸽口腔及呕吐物中如闻到蒜味，

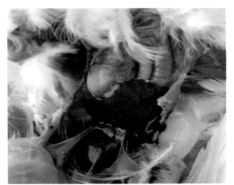

图6-10 病鸽肝脏呈土黄色

这可作为有机磷农药中毒的参考。

预防措施

应注意有机磷农药的保管、贮存、使用方法、使用剂量及安全的要求。鸽场附近禁止存放和使用此类农药，严防饲料和饮水受农药的污染。为鸽供给配比合理全面的保健砂和全价饲料，管好鼠药、经农药浸过的种子及其他有毒食物。用蔬菜直接喂鸽时要确保无农药污染，不放心时，可用80℃热水浸泡2分钟再喂鸽。搞好社会邻里关系，减少不必要的矛盾。尽量避免在鸽舍内喷洒有机磷杀虫剂，如有必要需先赶走舍内鸽，然后选用低毒类如敌百虫等低浓度进行喷洒10~20分钟，加强通风，清除舍内残留农药及一切能引起鸽中毒的物质。1~2小时后舍内农药浓度下降方可让鸽进舍。鸽舍内灭蚊时，注意不可使用敌敌畏等强毒和弱毒农药，应选用天然除虫剂一类的灭蚊药，消灭鸽虱、鸽螨时，也要尽可能不使用敌百虫等。外用药不能内服，要注意药物浓度和使用方法。一般在中午使用较好，此时鸽一般在舍外活动，且外用杀虫剂在高温下挥发较快，使鸽因皮肤吸收过量而中毒的机会减少。

治疗方法

发生有机磷农药最急性中毒时，往往来不及治疗即大批死亡。一般发生的中毒多为急性中毒，一旦发生应及时采取措施。应立即停止使用可疑的饲料和饮水，并内服催吐药或切开嗉囊，排出含毒饲料，灌服0.1%硫酸铜或0.1%高锰酸钾，或使用颠茄酊喂服0.01~0.1毫升。也可用植物油、蓖麻油或石蜡油等泻剂，以腹泻来排毒，缓解中毒症状。对个别中毒严重的鸽，可注射特效解毒药，这些解毒药效果好，副作用小。解磷定，按每千克体重0.2~0.5毫升，1次肌内注射；25%氯磷定，每只鸽1毫升，肌内注射；硫酸阿托品，每只鸽 0.1~0.2 毫升，1 次肌内注射，可缓解肠道痉挛和瞳孔缩小。对还未出现症状的鸽，也可口服阿托品片加以预防。另外，饲料中增加多种维生素添加剂，并用维生素 C 和葡萄糖液饮水，有助于机体康复。

四、热应激

鸽的正常体温为 41.8℃，由于缺乏汗腺和皮脂腺，并且有羽毛覆盖，对热敏感，当环境温度超过其舒适区上限时会发生热应激。热应激是机体高度紧张、疲劳的衰竭症，可分为惊恐、抵抗和死亡 3 个阶段。一般当气温超过 33℃、相对湿度接近 80% 时，就会影响鸽的生长和生产性能，鸽表现采食量下降，产蛋率下降，蛋重减轻，蛋壳变薄，种蛋受精率和孵化率降低，发病率及死亡率增高，严重的出现中暑死亡。

病因　热应激发生的病因主要是天气炎热，管理上没有随季节变热而及时改善鸽舍通风条件；大群饲养，鸽密度太大；在大暑天时高密度的长途运输，起运前鸽群没有得到充足的饮水，运输过程中没有注意通风、合理停车休息等。当出现以上情况时，会严重妨碍鸽体内热量的散发，致使体温平衡失调，导致鸽体出现生理功能紊乱，发生热应激。

临床症状　发生热应激的鸽，常见呼吸急速，渴欲增强，双翅翘起或下垂，呆立，不愿走动。若不及时采取对策，热应激会进一步加剧，鸽体潮湿，病情加重，出现眼结膜、口黏膜发绀（图 6-11），意识不清，严重的昏迷甚至死亡。

图 6-11　病鸽倒地死亡

热应激死亡的鸽，肉眼可见全身广泛性充血（图6-12），呈现一片潮红的外观。剖检后皮下组织、脑及内脏器官充血。

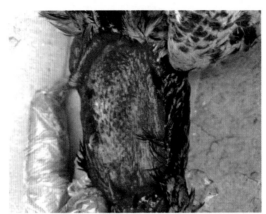

图6-12　病鸽全身广泛性充血

根据季节炎热、鸽舍温度高或大暑天长途运输等事实，结合临床症状和剖检观察，可初步做出诊断。

预防热应激的发生和减少热应激危害的措施：

①在夏季来临前对通风降温设备进行检修、添置，对于气温很高的地区建议增加湿帘降温设施。

②在高温季节，加强鸽舍的通风，调整好鸽群密度。结合气温情况，及时启动排气扇、湿帘，必要时在鸽舍加装遮阳网，对鸽舍屋顶和鸽舍之间的场地进行喷水降温。

③尽量避免在天气炎热时运输，必须运输的应选择清晨或夜晚天气凉爽时进行，并根据路途的远近安排合理的密度、休息时间，严禁在中午气温很高时运输。运输前应给予鸽群充足的饮水，饮水中可添加维生素C、维生素B_6、维生素B_{12}和维生素E的复合多维。

④根据鸽舍气温情况和高温持续时间，必要时除在饮水中添加多种维生素外，也可加喂抗热应激剂，以降低极端高温对鸽的影响。

⑤不要随意改变鸽舍布局或颜色，尤其是不要在训练阶段改变。不然鸽可能因为布局改变、颜色改变而害怕。应激反应大一些可能出现炸棚现象。

治疗方法　一旦发现有热应激现象，立即采取降温措施，如对鸽舍内加强通风、喷雾降温等。供给充足的饮水，可在饮用水中加入1%~2%葡萄糖。若是夏季高温时运输，应将运输车辆立即在树荫下停车，必要时将部分鸽笼先卸下，以利于通风。

五、鸽嗉囊病

鸽嗉囊病是鸽的一种常见的上消化道疾病。本病可分为两类：一类是软嗉囊病，另一类是硬嗉囊病。各种年龄的鸽都可发生，但以1~3月龄的鸽多见。临床上以嗉囊炎、嗉囊积食、嗉囊积液、嗉囊积气、嗉囊下垂、嗉囊肿瘤等为主，外观嗉囊异常肿大。

病因　（1）**软嗉囊病**　引起软嗉囊病的主要原因有食入腐败变质的饲料或饮水；摄食了容易发酵的饲料，或误食毒物后在嗉囊内发酵和产生大量气体，引起嗉囊发炎和显著膨胀；鸽打斗、撞击而使体内气囊破裂，引起嗉囊积气；嗉囊创伤或受病原微生物感染，长时间的嗉囊积食；其他因素引起的嗉囊积液。有的鸽患胃肠炎、念珠菌病、毛滴虫病等疾病而继发本病。

（2）**硬嗉囊病**　引起硬嗉囊病的主要原因有暴食，特别是供水不足的暴食；采食了变质或不易消化的饲料；误食异物；受不健康的亲鸽哺食；摄入蛋白质含量高或含盐高的饲料、保健砂；患急性传染病引起的胃肠炎也可诱发本病。

临床症状　（1）**软嗉囊病**　病鸽精神沉郁，羽毛脏乱，采食减少，口腔内有黏液，食欲减退或废绝，嗉囊胀大，有的嗉囊下垂（图6-13、图6-14），内贮满酸臭污浊含食糜的黏

图6-13　病鸽嗉囊胀大、下垂

图6-14　病仔鸽嗉囊胀大

稠液体，触摸时柔软而有波动感，呕吐，甩食，并带有酸臭气味；倒提可经口流出黄白色或黄色恶臭的液体内容物，并混有气泡，饮水增加，排稀烂水便，病情严重者嗉囊溃烂而死或消瘦脱水而死。发病种鸽死亡率低，但肉仔鸽死亡率高。

（2）**硬嗉囊病**　又称嗉囊积食，食物大量积存在嗉囊内引起炎症，病鸽表现为精神不振或不安，不愿采食和饮水，甚至废绝。嗉囊胀大，触之坚硬结实，呼出气味酸臭，口腔唾液黏稠。排粪减少，粪便稀烂或便秘，日渐消瘦。因饲料的消化吸收受到影响，发生营养障碍；或整个消化道处于麻痹状态，无法吸收营养，因饥饿而死亡；或因嗉囊肿大而压迫气管和颈静脉，引起窒息死亡。

诊断

根据嗉囊异常肿胀、内容物硬实或绵软便可做出诊断，需注意与鸽毛滴虫病、念珠菌病等引起的嗉囊炎相区别。

（1）**鸽嗉囊病与鸽毛滴虫病的鉴别**　二者均表现为精神沉郁，食欲废绝，呼出难闻气味，嗉囊黏膜上有凸出表面的白色结节或溃疡灶。但区别是：鸽毛滴虫病常发于1月龄内乳鸽；病变部位组织上覆盖有乳酪样的假膜和隆起的黄色"扣状"假膜，口腔有小片浅黄色干酪样物，嗉囊瘪塌，嗉囊黏膜一般无病变；刮取溃疡处假膜做湿片镜检，可见迅速游动的、呈梨状的毛滴虫小虫体，虫体的前端有4根游离的鞭毛，外周有波动膜，虫体透明、清亮，运动时可以看到镜下水波动的痕迹，虫体的鞭毛和内脏结构普通光学显微镜不易观察到，需用相差显微镜或特殊染色。

（2）**鸽嗉囊病与鸽念珠菌病的鉴别**　二者均表现为嗉囊松软呈软嗉症，嗉囊胀满，收缩无力，形成嗉囊炎，食欲废绝，有的排绿色粪便。但区别是：念珠菌感染的病鸽口腔、食道、腺胃和嗉囊等部位有黄白色干酪样假膜，呈典型的"毛巾样"，剥离假膜可见糜烂、溃疡；病料做病理切片镜检可见分枝分节，大小不一的酵母样菌丝，取病料直接镜检或采用霉菌特殊培养方法，刮取嗉囊内或食管分泌物制成压片，或观察培养基上的菌落，在600倍弱光暗视野观察，可见边缘暗褐、中间透明，一束束分枝分节、大小不等的短小枝样菌丝和卵圆形芽生孢子；涂片镜检可见霉菌的菌丝。

预防措施

加强饲养管理，合理安排饮食，充分供应清洁的饮用水，避免供水不足；注意饲料的搭配，不要饲喂霉变腐败变质的饲料，应供给优质、全价的饲料，也不要在鸽饥饿时喂得过饱，避免暴饮暴食而引发消化不良。合理供应保健砂。针对一些易引起嗉囊病的特殊病因，需提出相应对策加以防范，如因乳鸽孵出后没几天就死亡的，可以把大小相近的其他乳鸽合并，让新鸽代养，可避免亲鸽乳糜炎的发生。

（1）**软嗉囊病的治疗**　首先是将嗉囊中的内容物排除掉，再进行冲洗，可喂胃舒平、酵母、土霉素等药，也可将食用盐、醋、复合维生素 B 溶液稀释成水溶液，用注射器注入病鸽口中，每天 2 次，1 次 5 毫升，一般数日可痊愈。

（2）**硬嗉囊病的治疗**　可根据积食严重程度不同而采取不同的治疗方法。在积食初期可喂酵母、乳酶生、胃蛋白酶或健胃消食片促进消化。轻者一般可灌服 2% 苏打水或 2% 盐水，或用 0.1% 高锰酸钾水冲洗。病鸽头朝下用手轻轻按摩嗉囊，使食物软化，吐出积食和水，然后喂维生素 B 半片或 1 片，可起止吐作用。严重的需要手术治疗。

六、鸽顽固性腹泻

引起腹泻的原因很多，除前面所介绍的传染病、寄生虫病、中毒病引起的外，也有由非传染性因素刺激消化道而引起的普通性腹泻，其中顽固性腹泻最让养殖户头痛。发生本病时鸽群精神、饮食尚好，通常不出现死亡，表现长期腹泻，用药后也许能缓解些，但过两天又开始腹泻，且以水样腹泻为主。

主要由于饲养管理不到位引起的，常见的问题有：在早春和晚秋时昼夜温差大，未能及时关闭鸽舍窗户；冬季墙壁出现破损或窗户关得不严等现象，造成鸽舍内贼风肆虐；养殖地区因盐碱地或缺水而出现水质酸碱度、硬度等指标长期不达标；有些地区虽采用自来水作为饮用水，但因采用传统的养殖模式，鸽舍内的水箱、水管、水杯等污染严重，引起水二次污染，造成饮水质量不合格；饲料中存在抗营养因子，如大豆中的蛋白酶抑制因子、小麦中的木聚糖、鱼粉中的组胺、油脂中的过氧化物等含量过高，当出现饲料中豆粕熟化不够、小麦配比超过 30%、麸皮超过 20%、棉籽饼超过 5%、添加的油脂酸败等情况，会引起鸽腹泻；换料突然，没有设过渡期，造成应激性腹泻；鸽舍内空气混浊，氨气味刺鼻，蜘蛛网纵横交错，灰尘大；立体养殖笼中上层鸽的粪便因挡粪板太小或堆积太厚而滑落到下层鸽身上、料槽、水杯上；屋顶漏雨或上层鸽笼水管漏水，造成鸽羽毛经常被淋湿而受惊。

鸽精神、食欲一般无太大变化，临床主要表现为顽固性腹泻，多呈水样，部分排土黄色稀粪（图 6-15），肛门周围的羽毛常被弄湿，通常不出现死亡。

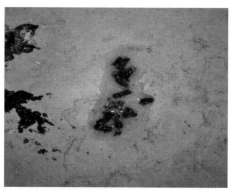

图 6-15　病鸽排土黄色稀粪

剖检一般无明显的病变，或仅见肠黏膜潮红、增厚的轻度炎症变化（图 6-16）。

图 6-16　病鸽肠黏膜潮红

本病根据临床症状就可做出初步诊断。

本病的预防主要是加强饲养管理，及时清理鸽粪，做好防尘除尘工作，鸽舍内合理通风，保证空气质量，秋、冬季晚上及时关闭窗户以保温。对水箱、水管和水杯应定期清洗消毒，供应水质优良的饮用水。供应优质全价的饲料，换料应设定一个过渡期。减少各种应激因素，为鸽群营造一个舒适的生活环境。

治疗方法　一旦发病，需及时找出并针对性消除导致腹泻的病因，如果是饲料引起的腹泻，应降低甚至取消引起腹泻的原料；如果是受凉引起的腹泻，应消除贼风、漏雨、漏水等因素的影响；如果是空气质量太差引起的腹泻，应及时通风、除尘。同时，可内服吸附剂（按每只鸽 0.5 克活性炭末或木炭末混入饲料中饲喂，早晚各 1 次，连用 3~5 天）或蒙脱石（每吨饲料中添加 1.2 千克；个体治疗时，用量为 2 克/只），适当配合应用微生态制剂，预防继发和抗感染，效果明显。

七、鸽胃肠炎

鸽胃肠炎是鸽常发的一种消化道疾病，临床主要表现为腹泻。各种年龄的鸽都可发生，但以幼龄鸽和青年鸽较易发生，其病情往往比成年鸽严重。

病因　本病主要是由于饲养管理不善引起的，如饲喂的饲料质量差，鸽采食腐败发霉变质或有毒的饲料，或是被粪便污染的饲料；饮水不够清洁卫生，或是饮水器被粪便或病原微生物污染；饲料突然更换或饲料配合不当，尤其雏鸽由亲鸽饲喂浆粒混合料转为未经软化的饲料；患有肠炎的亲鸽在哺育过程中将病传染给雏鸽；保健砂投喂不正确，保健砂变质或缺少微量元素、维生素等；鸽舍阴暗潮湿、天气突变、环境卫生差、鸽抵抗力下降等导致胃肠病原菌大量繁殖，从而发生本病。另外，鸽沙门菌病、球虫病、衣原体病等疾病也可诱发本病。

临床症状　病鸽出现精神沉郁、缩颈、目光呆滞、不愿活动，羽毛松乱，消瘦，口色苍白，脚干，食欲减退甚至废绝，经常饮水。腹部膨胀，排稀粪，初期呈白色或绿色，严重时稀粪呈黏性墨绿色或红色、红褐色血便（图 6-17、图 6-18），这是由于小肠出血所致。病鸽肛门周围羽毛常被粪便污染。患有肠炎的亲鸽常停止哺育雏鸽。

病理变化　剖检病死鸽，可见腺胃有出血点或溃疡（图 6-19），肌胃角质膜易剥离，角质层有充血点或出血点。十二指肠有炎症、充血、出血与坏死灶。大肠的肠道胀大、呈灰白色，也有出血点，内容物呈浅绿色、有臭味；严重的呈黑褐色，肠道内充满气体（图 6-20），肠壁变薄。

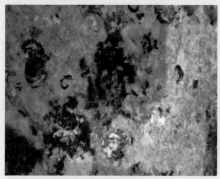
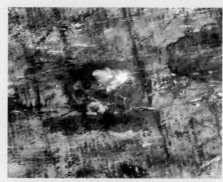

图6-17　病鸽排黏性墨绿色稀粪　　　　图6-18　病鸽排红褐色血便

图6-19　病鸽腺胃有出血点　　　　　　图6-20　病鸽肠道内充满气体

类症鉴别

　　（1）鸽胃肠炎与鸽沙门菌病的鉴别诊断　　二者均表现羽毛脏乱，精神沉郁，食欲减退或废绝，有的饮水增加，不愿活动，嗉囊无食物或绵软有波动感，腹部膨胀，消化不良。但区别是患沙门菌病的病鸽的粪便稀软、恶臭，消化功能严重障碍，可见典型腹泻，病初排水样稀粪，1~2天后排灰白色带黄绿色或褐绿色泡沫稀粪，粪便中常夹有被黏液包裹的絮状物，恶臭，肛门周围羽毛被粪便污染；剖检病死鸽可见肝脏肿大、质脆，边缘钝圆，呈古铜色或浅黄色，表面有灰白色或黄白色坏死点，脾脏和肾脏肿胀，有散在的灰白色病灶，肠黏膜（以小肠段最为明显）肿胀、潮红，有大小不等的出血点，内含绿色或黄绿色带泡沫糊状物，泄殖腔潮红，部分病例的肠道有黄白色坏死灶；通过无菌操作采取病死鸽的肝脏和脾脏组织触片，革兰染色镜检，可见革兰阴性小杆菌；病料以麦康凯琼脂平板、三糖铁斜面、SS 琼脂平板、普通肉汤，37℃恒温培养 24 小时，可见麦康凯琼脂平板上生长无色、半透明、光滑、湿润、直径为 1~1.5 毫米的小菌落；SS 琼脂平板上长出的菌落与麦康凯琼脂平板上的菌落形态一致，且中心带黑色；三糖铁斜面变红，底部为黄色，穿刺部为黑色；普通肉汤均匀混浊。

（2）鸽胃肠炎与鸽球虫病的鉴别诊断　二者均表现精神不振、食欲减退或废绝，消化不良，有严重的腹泻，粪便呈水样或稀黏样，为白色或绿色，有的呈红色或黑褐色。但区别是患鸽球虫病的病鸽机体消瘦，脱水，且由于肠黏膜被破坏，排绿色或红褐色（血痢）的水样粪便，脚干，眼睛下陷，肠道严重损伤，引起继发性细菌感染而死亡，成年鸽和康复鸽不表现临床症状，雏鸽、青年鸽比较敏感；剖检可见小肠比正常体积肿大 2 倍（气胀），肠腔充满血液，肠黏膜增厚，浆膜表面可见到小的白斑和红瘀血点，严重感染时，小肠的病灶为白色和黑色，呈"盐和黑胡椒"状的外观；用漂浮法检查粪便，可发现卵囊，取粪便或小肠病变部刮取物少许，放在一张载玻片上，用生理盐水稀释或滴加甘油水溶液 1~2 滴调和均匀，去掉粗渣，加盖玻片，在显微镜下很容易观察到卵囊和大配子；但在许多情况下，病变是由成熟的裂殖体引起的，在小肠中存在成簇的大裂殖体是被艾美耳球虫毒害后的特殊病变。

（3）鸽胃肠炎与鸽衣原体病的鉴别诊断　二者均表现精神沉郁、食欲减退或废绝，不愿活动，嗉囊无食物或绵软有波动感，腹部膨胀，消化不良；并伴有严重的腹泻。但区别是患鸽衣原体病的病鸽怕光、流泪、眼结膜发红（多为单侧），眼睑肿胀，有鼻炎、呼吸困难，腹泻，排黄色或浅绿色水样稀粪，消瘦；剖检可见气囊壁混浊、增厚，有炎性纤维素性渗出物，部分可见心包炎、肝周炎、卡他性肠炎等病变；对 2~3 周龄乳鸽危害较大。

预防措施

本病以预防为主，加强饲养管理，平时对鸽群要精心管理、细心饲养，供给清洁的饮水，注意饲料的搭配，保证饲料质量，尽量饲喂新鲜的饲料，严禁饲喂变质和虫蛀的饲料，保证饲料中无异物。经常供给新鲜的保健砂。

治疗方法

治疗胃肠炎，病鸽可用 0.02%~0.05% 高锰酸钾溶液自由饮水，连饮 3~4 天。病情严重的可口服氟苯尼考、庆大霉素、诺氟沙星、磺胺类药物、黄连素等进行治疗。若亲鸽发病，在治疗亲鸽的同时，还应对其哺育的雏鸽进行预防和治疗。

八、鸽创伤

鸽创伤是鸽受体外生物（如同群的鸽、狗、猫、昆虫等）或物体侵害，引起鸽体肌肤或器官的损伤，如啄、抓、跌、撞、碰、压、扭、刺、咬、击等，使组织结构的完整性遭受破坏。鸽常见的创伤有撞伤（图6-21和图6-22）、抓伤（图6-23）、咬伤（图6-24）、刺伤等。

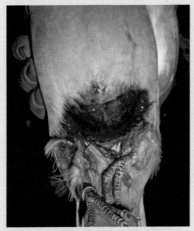

图6-21 鸽腹部被撞伤

图6-22 鸽撞线死亡

图6-23 鸽腹部被抓伤

图6-24 鸽嗉囊被咬伤

鸽创伤主要原因：猫、鼠、虱、螨等有害生物入侵咬伤鸽；两公鸽争伴偶，或引入新伙伴引起啄伤；提供非全价饲料、饲养管理不当等原因引起啄肛；鸽天生好动，若鸽笼等设备有残缺或有毛刺，容易出现撞伤或刺伤。

临床症状

本病会引起皮肤、肌肉、软组织撕伤、挫伤、创伤，使组织的完整性遭受破坏，表现为充血、出血、炎症、破损、肿胀、坏死、溃烂、缺失，并有疼痛，后果严重的可致关节骨折。鸽体表如出现脓肿，常见的脓肿部位是脚底部，其他部位也可能发生，往往是由于组织感染，或直接感染了金黄色葡萄球菌而引起化脓的病症。脓肿初期局部红、肿、热、敏感，以后则成熟变软，触之有波动感。

诊断

对本病诊断不难，通过临床症状可做出诊断。

预防措施

主要是消除引起创伤的原因，加强饲养管理。注意基础设施的建设和维护，避免猫、鼠等有害生物的入侵，避免设备对鸽的伤害，供应全价饲料，混养时注意合理的饲养密度和合适的公母配比，避免公多母少而引起争斗。

治疗方法

轻度的创伤多能自行愈合。对于皮肤、软组织、关节挫伤所致的红、肿、热、痛现象，可使用镇痛喷剂进行治疗。对脓肿的处理应待其成熟后及时切开，将脓汁排净后，用消毒水将脓肿冲洗干净，内涂以碘酊并包上绷带，2 天换 1 次药，同时喂抗生素如阿莫西林，一般 1 周可痊愈。对一般性创伤的处理，应先用 4% 过氧化氢溶液、0.1% 高锰酸钾溶液等冲洗伤口，清理并抹干，随之撒上抗生素粉。若出血较严重，可涂云南白药、碘酊局部止血和肌内注射维生素 K。若是伤口过大的重度创伤应采用外科治疗，并辅以适当的全身抗感染处理，用已消毒的针、线缝合，同时口服或注射抗生素，连用 2~3 天，以防继发性感染。若发生了骨折和错位，应先校正受伤部位，然后用合适的夹板固定，为控制感染可适当口服抗生素。

九、鸽胚胎病

随着规模化、集约化养鸽业的不断发展，鸽蛋人工孵化也逐渐被广大养鸽者所接受。鸽胚胎病的防治也受到重视。科学防治鸽胚胎病对提高出壳雏鸽的品质，以及保证鸽的成活率、鸽群生产性能和提高经济效益有着重要的作用。

鸽胚胎病的危害主要表现在三个方面：一是出现胚胎死亡，降低了出雏率；二是影响出壳雏鸽的品质，病弱雏的生长发育都不如健康雏，且成活率低；三是影响鸽场的生物安全，不少鸽胚胎病是由蛋源性传染病所引起的，种鸽所携带的病原微生物可通过种蛋带菌→病胚→病雏的途径广为扩散，并且病弱雏也是病原的携带者，成为养鸽场里重要的传染源。

根据病因，鸽胚胎病可分为营养缺乏性胚胎病、传染性胚胎病、孵化条件控制不当性（理化因素性）胚胎病、中毒性胚胎病和遗传性胚胎病等，其中营养缺乏性胚胎病占70%，传染性胚胎病占15%，孵化条件控制不当性胚胎病占10%，中毒性和遗传性胚胎病占5%。

目前对鸽胚胎病的研究还不够深入，对其分类尚需要细化和丰富。总的来说，由母源性原因引起的鸽胚胎病占主导地位，同时胚胎本身的抗病力、免疫力、调控能力等都十分薄弱，表面看起来并不十分严重的原因，也可导致胚胎死亡。虽然部分雏鸽可以出壳，但却成为弱雏、畸形雏，或出壳后不久即死亡（图6-25），或初期发育迟滞，被迫淘汰。据统计，鸽胚胎病给养鸽场造成的损失非常巨大，应引起高度重视。

图6-25 病鸽出壳死亡

1. 营养缺乏性胚胎病

营养缺乏性胚胎病是最常见的鸽胚胎病，造成胚胎营养不良。本病除了极少部分是由于遗传因子缺陷所致的营养不良外，绝大多数是由于种鸽营养不良所导致的。本病主要表现为肢体短小，骨骼发育受阻，胚胎发育不良。

（1）蛋白质和必需氨基酸不足引起的胚胎病　种蛋的品质与种鸽饲料营养水平的关联很大，制定饲料配方时不仅要求蛋白质含量要达标，更要注重必需氨基酸水平平衡。提供营养全面、充足的饲料是保证受精率和孵化率的重要因素。若种鸽饲料中蛋白质含量长期低于14%，或者必需氨基酸水平不平衡（尤其是蛋氨酸、赖氨酸添加不足），种蛋的受精率和孵化率会明显下降，且易出现胚胎病，胚胎发育迟缓，体形弱小，严重的会出不了壳；即便勉强出壳，雏鸽的品质也会下降，体弱多病，最后也会成为残雏。

（2）维生素缺乏引起的胚胎病　主要有维生素A缺乏、维生素D缺乏、B族维生素缺乏和维生素E缺乏。

①维生素A缺乏：鸽体内没有合成维生素A的能力，若种鸽饲料中维生素A供应不足或消化吸收障碍，会使种蛋内维生素A含量不足，种蛋的受精率下降，易出现胚胎死亡和眼干燥症。胚胎死亡多发生在胚胎循环系统的形成和分化时期，死亡率约为20%。剖检死胚，可见畸形胚较多，卵黄囊中有尿酸盐沉积，特别是末期在尿囊中有大量的尿酸盐。有时胚胎有明显的痛风病变。在孵化末期发育不全的死亡胚胎，其羽毛、脚的皮肤和喙缺乏色素沉着。种鸽日粮中添加维生素A、动物性饲料和青绿饲料，可预防维生素A缺乏症。

②维生素D缺乏：当种鸽缺乏维生素D或种鸽缺乏光照，可导致蛋内维生素D含量不足。维生素D缺乏时蛋壳较薄、易破，新鲜蛋内的蛋黄可动性大。胚胎死亡多发生在孵化后第6~9天，在形成骨骼和利用蛋壳物质时期，胚胎死亡达高峰。剖检死胚，可见胚胎中的腿变曲，皮肤黏液性水肿，有时有大囊泡，皮下结缔组织呈弥漫性增生，肝脏脂肪变性。本病的发生呈一定季节性，雨季发生较多。

③维生素B_1缺乏：饲料中维生素B_1供给不足或贮存不当，可引起种鸽维生素B_1缺乏，导致蛋中维生素B_1含量不足。胚胎死亡多发生在孵化后期；有些孵化期满，但因无法啄破蛋壳而闷死；有些则延长孵化期，即使出壳，也会陆续表现维生素B_1缺乏症。

④维生素B_2缺乏：产蛋鸽对维生素B_2的需要量比较大，如果饲料中添加不足或质量低劣或贮存不当，就会造成维生素B_2缺乏。维生素B_2缺乏时，胚胎死亡多发生在孵化第10天或第11天至出雏期间，孵化率仅为60%~70%，尿囊生长不良、闭合迟

缓，蛋白质利用不足，贫血，皮肤水肿、增厚，颈弯曲，躯体短小，轻度短肢，关节明显变形，胫部弯曲。因缺乏维生素 B_2，绒毛无法突破毛鞘，因而呈现蜷曲状集结在一起，表现为典型的发育不全的结节状绒毛。至孵化后期，胚体仅相当于第 12~13 天胚龄的正常胚体大小，即使出壳，雏鸽也表现瘫痪或先天性麻痹症状。

⑤维生素 B_{12} 缺乏：维生素 B_{12} 缺乏时，胚胎死亡高峰在孵化第 13~15 天，死亡率高达 40%~50%。特征性病变是皮肤弥漫性水肿，肌肉萎缩，心肌扩大及形态异常。剖检死胚可见部分或完全缺少骨骼肌，破坏了四肢的匀称性，并且可见尿囊膜、内脏器官和卵黄出血等症状。

⑥维生素 E 缺乏：维生素 E 与硒的功能相同，它们之间具有互相补偿和协同作用，产生的缺乏症也相同。当种鸽缺硒时，不仅产蛋减少，孵化率降低，即使出壳后，也表现为先天性白肌病，不能站立，胰腺坏死，并很快死亡。维生素 E 缺乏可加速胚胎死亡，常在孵化至第 6 天出现死亡高峰。死胚表现胚盘分裂破坏，边缘窦中瘀血，卵黄囊出血，尿囊液混浊，肢体弯曲，皮下结缔组织积聚渗出液，腹腔积液等症状。

（3）矿物元素缺乏引起的胚胎病　主要因缺乏铜、锰、锌、碘等微量元素引起的胚胎病。

①铜缺乏：缺铜雏鸽较易产生主动脉瘤、主动脉破裂和骨畸形，鸽缺铜一般会贫血。给予种鸽严重缺铜饲料达 20 周，不仅胚胎发育受阻，呈现贫血，同时在孵化 2~4 天后，还可见有胚胎出血和单胺氧化酶活性降低，并有早期死亡现象。

②锰缺乏：种鸽饲料中缺乏锰，不仅蛋壳强度低，容易破碎，使孵化率下降，而且所产蛋中锰的含量明显减少，受精率下降。死胚呈现软骨发育不良，腿、翅缩短，肢体短粗，胚体小，绒毛生长迟滞；喙弯曲，下腭变短，呈"鹦鹉嘴"，球形头，腹部膨大、突出。有 75% 的胚胎呈现水肿。

③锌缺乏：种鸽缺锌时，孵化率下降，许多胚胎死亡，或出壳不久即死亡。胚胎脊柱弯曲、缩短，肋骨发育不全。早期胚胎内脊柱显得模糊，四肢变短，有时还缺脚趾、缺腿、缺眼。能出壳的雏鸽十分虚弱，不能采食和饮水，呼吸急促和困难，幸存雏鸽羽毛生长不良、易断。

④碘缺乏：种鸽用缺碘的日粮饲喂，所产蛋孵化至晚期，胚胎死亡，孵化时间延长，胚胎变小，卵黄囊吸收不良。孵出的雏鸽会出现先天性甲状腺肿。

（4）短肢性营养不良症　种蛋缺乏锰、胆碱或生物素等能引起此种胚胎病。病胚躯体短小，下肢短而弯曲，颈部弯曲，喙短且弯，呈特征性的"鹦鹉嘴"，但骨质良好。胚蛋中的蛋白大部分没有利用，蛋黄浓稠。孵化后期少数胚胎死亡，孵出的雏鸽异常弱小，下肢关节肿大、变形，骨粗短，无饲养价值。

2. 传染性胚胎病

胚胎受细菌、病毒、霉菌等病原微生物感染时，都可引起胚胎发育障碍甚至死亡。传染性胚胎病根据病原微生物来源分为两类，一类是垂直性传染病（如沙门菌病、支原体病、曲霉菌病等），本类占传染性胚胎病中大多数，病原微生物来源于种鸽，由种鸽经蛋垂直传播给下一代；另一类是水平传播性疾病。病原微生物水平交叉传播，主要是由孵化器不经常消毒、种蛋不及时捡出或保管不当等原因引起的。常见的传染性胚胎病主要有以下几种。

（1）**胚胎沙门菌病**　胚胎沙门菌病是发生最多的细菌性胚胎病，也是重要的垂直性传播疾病。种蛋通常有10%~30%带有沙门菌，其造成的病胚，在孵化中期开始发生死亡，剖检可见卵黄有凝结现象；孵化至16天为死亡高峰（图6-26），剖检死胎可见肝脏、脾脏肿大，肝脏有小灰白色坏死灶，心脏、肺表面有细小的坏死结节，直肠末端蓄积白色尿酸盐。多数病胚可以出壳，在10日龄之内陆续发生沙门菌病（俗称黑肚皮病）（图6-27），并在同群雏鸽中传播扩散。预防本病的根本措施是培育沙门菌阴性种鸽群，在尚未做到这一点之前，对雏鸽要做好药物预防。另外，保持

图6-26　出壳后死亡

图6-27　黑肚皮

产蛋巢清洁，种蛋产出后要尽早入孵，最好在产出后 1.5 小时之内和入孵前进行 2 次消毒，并定期做好孵化器的消毒工作。

（2）鸽支原体病　种鸽群发生本病时，种蛋带菌率较高，孵出大量带菌雏鸽，使病原广泛扩散。胚胎所受损害一般比较轻，部分胚体水肿，气管、气囊有豆渣样渗出物，肝脏、脾脏稍肿大，有的腿关节肿胀，对出雏率有一定影响。预防本病的根本措施是选育支原体阴性的种鸽；暂时做不到时，可对种蛋进行消毒处理，用来减少或消除种蛋内的支原体，种蛋入孵之前在 0.04%~0.1% 红霉素溶液中浸泡 15~20 分钟。

（3）卵黄囊炎和脐炎　本病是由胚胎期延续到出壳后的鸽的一种常见细菌病。病原菌主要有大肠杆菌、金黄色葡萄球菌、沙门菌、化脓性球菌、变形杆菌等。大多是由蛋壳入侵的，大肠杆菌和沙门菌可来源于种鸽。孵化温度不当、种蛋中某些营养成分不足，会促使本病发生。病胚卵黄囊囊膜变厚，血管充血，卵黄呈青绿色、污褐色，吸收不良，脐部发炎肿胀。出雏时死雏及残弱雏较多，腹部肿大（图 6-28），皮肤很薄，颜色青紫，脐孔破溃污秽。挑出可以喂食的轻症雏要及时应用抗生素治疗。预防措施主要是防止种蛋蛋壳污染，搞好种蛋及孵化器的消毒，提高孵化技术水平。

图 6-28　腹部肿大

（4）曲霉菌病　本病是种蛋在保存和孵化期间被霉菌污染而引起的。霉菌可由气孔侵入蛋内，导致胚体水肿、出血，肺、肝脏、心脏表面有浅灰色结节。孵化后期，造成一部分胚胎死亡、发臭，种蛋有时会破裂，污染其他种蛋和孵化器而扩大传染。

孵化器内湿度过大会增加发病率。本病在鸽胚中发生的较少。

3. 孵化条件控制不当性胚胎病

孵化条件的四要素包括温度、湿度、翻蛋和通风。在孵化过程中，由于孵化温度调节不当、湿度控制不合理、种蛋放置方法不正确、翻蛋不及时等，均可引起胚胎死亡或发育障碍。

（1）**温度**　恒温孵化易于掌握，但会影响后期的出雏效果。目前生产上多采用变温孵化，前期温度一般为 37.9~38.3℃，出雏时温度为 37.2~37.6℃，孵化室的温度应维持在 20℃ 以上。温度过高，发生所谓"血圈蛋"，胚膜皱缩，常与脑膜连接在一起，呈现头部畸形；有时造成胚胎异位，内脏外翻，腹腔不能愈合。温度过低，心脏扩张，肠内充满卵黄物质和胎粪，胚胎颈部呈现黏液性水肿；胚胎发育缓慢，出雏推迟。

（2）**湿度**　湿度过大，黏稠的胚胎液体形成凝固的薄膜，使胚胎不能呼吸而窒息死亡。湿度过小，胚胎生长不良，胚胎与胚膜粘连，出雏困难，幼雏瘦小，绒毛枯而短。建议前期相对湿度以 55% 为宜，出雏时相对湿度为 65%。

（3）**翻蛋**　现在的孵化器一般都自动定时翻蛋（一般每 2 小时翻蛋 1 次，每次翻蛋倾斜 90 度），以防止胚胎粘壳。若不及时翻蛋，蛋黄很容易因上浮与蛋壳粘连，造成胚胎发育不良或死胎；当蛋的倾斜角度不够，也会出现蛋黄与蛋壳粘连，引起胚胎死亡。

（4）**通风**　良好的通风可保证孵化器空气新鲜，氧气充足。孵化前期需氧量较低，应逐渐增加通风量；在出雏时，胚胎需氧量要比入孵时高 10 倍，通风不良会造成胚胎窒息，所以孵化到中后期，更要保证良好的通风。

4. 中毒性胚胎病

一般急性中毒直接使鸽死亡，而长期的慢性中毒比较隐蔽，会对胎胚产生毒害作用，可造成基因突变和致畸作用，并产生免疫抑制作用，甚至引起胚胎死亡。

（1）**霉菌毒素**　有些真菌毒素（如黄曲霉毒素 B 等）可产生致畸作用，出现部分胚胎死亡，部分胚胎畸变，如四肢和颈部短缩、扭曲，小眼畸形，颅骨覆盖不全，内脏外露，体形缩小，喙错位等。

（2）**农药**　敌百虫等农药残留可引起蛋壳变薄，使蛋易破碎，也影响蛋的孵化率及雏鸽的发育。即使在日粮中供给足量的钙、磷，也无法改变蛋壳变薄这个现象。

（3）**药物**　主要是用药不当或不合理。使用毒性较强的药物，如乙胺嘧啶、苯丙胺等，对胚胎有致畸作用；大剂量或长期使用药物，如长期使用抗病毒化学药物，对胚胎也有影响。

5. 遗传性胚胎病

由于某些遗传性缺陷或蛋贮存时间过长，会造成胚胎畸形或死亡。本病也占有一定比例，特别是在集约化生产中，畸形与缺陷的数量有所增加。本病多见于孵化的第16~17天，表现喙变短、上下喙不能咬合、眼球增大、脑疝、四肢变短、翅萎缩、跖骨加长、缺少羽毛、神经麻痹等畸形特征。在孵化后期及出壳后早期，死亡率会增加。

预防措施

由于对胚胎病的病因学诊断尚缺乏系统研究，仅凭病理学特征很难实现对症治疗，并且对胚胎病的治疗措施不多，重点在种鸽和孵化两个环节上做好预防工作。

（1）**做好种鸽的防疫工作，保证种蛋合格**　不要使用患传染病种鸽所产的种蛋孵化。对经蛋垂直传播的传染病，应加强检疫，淘汰阳性鸽，建立阴性种鸽群。种蛋入孵前要贮存好，保存时间越短，孵化率越高。春、秋季保存时间不宜超过7天，夏季保存时间不宜超过5天，冬季不宜超过10天。

（2）**提高种鸽的营养水平，确保种蛋的质量**　这是防止胚胎病发生的极为重要的环节。主要是加强种鸽的饲养管理，保证种鸽饲料品质（一定要保证饲料新鲜、全价）。因为种鸽营养缺乏或摄入食源性有毒物质，均可造成胚胎发育障碍。

（3）**做好孵化室、孵化器及所有孵化用具的消毒**　种蛋入孵前要严格消毒，常用的消毒方法有：甲醛熏蒸消毒（每立方米用福尔马林14毫升＋高锰酸钾7克），百毒杀（癸甲溴铵）溶液（1∶600稀释）、新洁尔灭溶液、高锰酸钾溶液（1∶1000稀释）浸泡种蛋1~2分钟。

（4）**严格执行孵化制度**　按胚施温、施湿，掌握好翻蛋、通风技术，使蛋内受温均匀，获得充足的新鲜空气，促进胚胎健康发育。

参 考 文 献

［1］穆立涛. 鸽霍乱的诊治［J］. 山东畜牧兽医，2016，37（2）：63.

［2］邱深本. 当前鸽新城疫流行情况与防控措施［J］. 养禽与禽病防治，2022（1）：22-24.

［3］何更田. 一例鸽Ⅰ型副黏病毒病的诊治［J］. 今日畜牧兽医，2017（6）：65.

［4］兰世捷，陈亮，苗艳，等. 一例鸽圆环病毒和鸽疱疹病毒混合感染的诊治［J］. 现代畜牧科技，2021（1）：11-13，167.

［5］金俊杰，侯凤香，沈坚. 鸽大肠杆菌病的诊断与治疗［J］. 今日畜牧兽医，2020，36（5）：80-81.

［6］田野，刘丽萍，路晓，等. 鸽呼吸道疾病的诊断与防治［J］. 家禽科学，2021（8）：37-40.

［7］王晓艳，蔡莹玲，刘国辉. 肉鸽念珠菌病的诊疗及病因分析［J］. 吉林畜牧兽医，2021，42（4）：103，105.

［8］姚桂田，郭帅，姚倩倩，等. 一例肉鸽葡萄球菌病的治疗体会［J］. 家禽科学，2017（6）：38-39.

［9］黄爱芳，刘思伽，李胜. 肉鸽曲霉菌病的诊治［J］. 湖北畜牧兽医，2020，41（7）：23-24.

［10］侯凤香，金俊杰，赵燕. 鸽沙门氏菌病的诊断与防制措施［J］. 中国畜禽种业，2021，17（10）：173-175.

［11］林常平. 鸽衣原体病症状及防治方法［J］. 今日畜牧兽医，2019，35（9）：28.

［12］李世江. 肉鸽支原体病的防治［J］. 山东畜牧兽医，2005（5）：19.

［13］梁冰冰，尉啸涵，李复煌，等. 中国鸽毛滴虫病的流行规律及中西医防治措施［J］. 中国动物传染病学报，2022（8）：1-9.

［14］杜少华，王雪敏，王铮，等. 鸽毛滴虫病研究进展［J］. 中国家禽，2021，43（7）：88-92.

［15］杨艳明，郑莉. 鸽蛔虫病的诊断与治疗［J］. 畜牧兽医科技信息，2021（1）：197.

［16］韩涛，杨会国，刘佳佳，等. 鸽毛滴虫病的诊断与防治［J］. 畜牧兽医科技信息，2021（1）：198-199.

［17］龙航宇，刘国乾，刘思伽，等. 鸽毛滴虫病的综合防控［J］. 养禽与禽病防治，2020（12）：25-27.

［18］江斌，林琳，吴胜会，等. 肉鸽主要寄生虫病防控［J］. 福建畜牧兽医，2020，42（6）：57-59.

［19］陈文杰，杭柏林，杨洋，等. 鸽毛滴虫病预防与治疗研究进展［J］. 现代畜牧兽医，2020（2）：58-61.

［20］初莉莉. 鸽常见线虫类寄生虫病的防治［J］. 养禽与禽病防治，2019（12）：36-38.

［21］靳菊贤. 夏秋季节鸽寄生虫病的防治［J］. 浙江畜牧兽医，2019，44（4）：44-45.

［22］刘宗凤，高西红，孙艳丽. 五种临床中严重危害肉鸽原虫病的防治措施［J］. 上海畜牧兽医通讯，2005（3）：53-54.

［23］孙皓. 鸽子常见线虫病的防治［J］. 浙江畜牧兽医，2018，43（2）：47.

［24］马德利．禽类感染绦虫的临床症状及其防治［J］．饲料博览，2018（8）：75．

［25］李沐森，郭文场．鸽的疾病防治［J］．特种经济动植物，2018，21（3）：19-23．

［26］吴建国．信鸽的饲养管理与疫病防治技术［J］．当代畜牧，2016（12）：3-6．

［27］赵宝华，戴鼎震，杨一波．鸽病防治图谱［M］．上海：上海科学技术出版社，2017．

［28］王永梅．鸽球虫病的诊治［J］．养殖与饲料，2017（2）：83-84．

［29］张敏．信鸽黄曲霉毒素中毒的诊治［J］．河南畜牧兽医（综合版），2008，29（7）：43．

［30］王琼．鸽有机磷农药中毒的防治［J］．甘肃畜牧兽医，2011，41（1）：18-19．

［31］刘萍．葛银口服液抗肉鸽热应激作用机制初探及葛根素代谢动力学测定［D］．南京：南京农业大学，2009．

［32］周伟．浅谈鸽应激反应的发病原因及防治［J］．科学种养，2016（5）：182-183．

［33］陈鹏．鸽子嗉囊破裂的诊治［J］．北方牧业，2019（22）：27，26．

［34］张艳红，郭志文．饲养鸽常见疫病及防治［J］．畜牧兽医科技信息，2016（11）：122-123．

［35］吴雪珍．常见肉鸽腹泻的临床鉴别诊断［J］．福建畜牧兽医，2022，44（1）：66-67．

［36］薛玉华．肉鸽胃肠炎的防治［J］．乡村科技，2011（8）：35．

［37］刘忠诚，李毓娥．鸽创伤性胃炎二例［J］．黑龙江畜牧兽医，1994（2）：31．

［38］刘思伽，邱深本，李海华．肉鸽胚胎死亡病例的诊治［J］．家禽科学，2012（12）：54．

［39］聂国友．浅谈肉鸽的人工孵化技术［J］．中国畜牧兽医文摘，2011，27（4）：61-62．

［40］董信阳，王晓铭，徐倩倩，等．胚蛋给养技术对乳鸽生长发育调控的研究［J］．中国家禽，2020，42（8）：1-6，129．

［41］张江印．鸽蛋白质缺乏症的诊断及防治［J］．新疆畜牧业，2006（4）：33．

［42］张葛欣．禽水溶性维生素 B_1 缺乏症及诊治［J］．现代畜牧科技，2017（7）：84．

［43］郑兴福．禽维生素 B_2 缺乏症及诊治［J］．畜牧兽医科技信息，2017（5）：113．

［44］康世良．畜禽硒 – 维生素 E 缺乏症（五）［J］．饲料博览，1989（5）：32-34．

［45］杭柏林，刘保国．鸽痛风的综合诊断与防治［J］．科学种养，2021（6）：57-58．

［46］丁卫星，刘洪云．鸽病急诊速治手册［M］．北京：中国农业出版社，1999．

［47］蔺祥清，李存，林冬梅．鸽病诊治关键技术一点通［M］．石家庄：河北科学技术出版社，2009．

［48］杨连楷．鸽病防治技术［M］．北京：金盾出版社，1995．